臨床工学技士のための
生体物性

工学博士 三田村 好矩 監修
博士（工学） 西村 生哉
工学博士 村 林　俊 著

コロナ社

まえがき

　生体物性とは，生体の物性に関する学問である。生体に電気や超音波などの物理的エネルギーを加えた場合，生体の組織・器官がどのように応答するかについての物性であり，また，生体自体が発生している物理的エネルギーの特性に関する物性である。生体物性は，医療において非常に重要である。なぜならば，医療の実際において，診断や治療のために，いろいろな物理的エネルギーを生体に加えることが多いからである。なぜ診断が行えるのか，なぜ治療効果が現れるのか，また，どの程度までの物理的エネルギーならば安全に利用できるのか，それらの基盤が生体物性なのである。そのため，臨床工学技士を目指す学生たちにとって，最も重要な学問分野の一つである。

　しかし，生体物性は難しくて，よくわからない。そのような声を聞く。実は私自身もそう思っていた一人である。私は人工臓器の材料が専門であり，生体物性に関しては断片的な知識しか持っていなかった。その私がなぜ生体物性の教科書を書くことになってしまったのか。それは7年ほど前に，臨床工学技士養成校で「生体物性」の講義を担当することになったのが契機である。それまで担当されていた先生の代わりに専門外の私になぜ依頼がきたのか今もってわからないが，承諾してしまった。講義をするためには，しっかりとした勉強が必要である。いろいろな本や論文を読んで少しずつ理解できるようになった。その努力の結果がこの本といえる。

　講義を担当して気づいたことがある。いろいろな本はあるが，臨床工学技士を目指す学生さんたちにとって「生体物性」の教科書とすべき本がないのである。内容が難しすぎたり，説明が足りなかったりである。専門家にとっては自明のことでも，初心者にはなぜそうなるのかがわからない。専門家は，たぶん，初心者にとって何がわからないかがわからないのではないかと思う。私自

身も生体物性は専門外であるため，初心者といえる。いくつも理解困難な事項があった。一つずつ理解を深め，やっと講義ができるようになった。

　初心者にとってわかりやすい「生体物性」の本をつくりたい。それがこの本を執筆した動機である。わかりやすい本とするため，知識の羅列ではなく，なるべく「なぜ」にこだわった記述をした。「覚えるのではなく理解する」ことが，重要であると思うからである。いったん理解すると，いろいろと応用することができる。しかし，専門外の私が間違った記述をしてしまったらたいへんである。そのため三田村先生と西村先生に監修をお願いした。三田村先生は電子・電気系をバックグラウンドにされ，人工心臓の研究開発における世界的な権威である。西村先生のバックグラウンドは機械・力学系であり，人工関節の研究開発をされている。西村先生が開発された人工股関節は広く臨床に用いられている。バックグラウンドが異なるお二人にしっかりと監修していただいた。そのお陰で，皆さんに自信を持ってこの本をお届けすることができる。

　各章のまとめは，章末に記載しないで，巻末に付録という形でまとめた。臨床工学技士を目指す学生さん達が国家試験のための勉強をする際に，そのほうが便利かと考えたためである。また，第1回目から現在までの臨床工学技士国家試験過去問題および解答と解説（生体物性分野）をコロナ社のWebページ（http://www.coronasha.co.jp）の本書の書籍紹介に掲載した。活用していただければ幸いである。

　この本は臨床工学技士を目指す学生さんたちのために書いたが，医療にかかわる方々にとっても役立つものと考えている。すでに述べたように，生体物性は最新の医療技術・機器を深く修得するための基盤であるからである。この本が，多くの方々にとって生体物性を理解する一助となればと願う次第である。

2012年4月

村林　俊

目　　　次

1.　生体物性の概要

1.1　生体物性と医療 ·· 1
1.2　生体物性と生体構造の階層性 ·· 3
1.3　生体物性の特徴 ·· 4
　1.3.1　異　方　性 ·· 4
　1.3.2　非　線　形　性 ·· 5
　1.3.3　周波数依存性 ·· 5
　1.3.4　温度依存性 ·· 5
　1.3.5　反射・散乱・吸収の特異性 ·· 6
　1.3.6　経時変化性 ·· 6

2.　生体物性に重要な生体物質

2.1　水 ·· 7
2.2　電　解　質 ·· 10
2.3　タ ン パ ク 質 ·· 11
　2.3.1　タンパク質を構成するアミノ酸 ······································ 11
　2.3.2　タンパク質の種類と機能 ··· 14
　2.3.3　タンパク質の構造 ·· 14
　2.3.4　タンパク質の変性 ·· 17
2.4　脂質と細胞膜 ··· 17
　2.4.1　単　純　脂　質 ·· 17
　2.4.2　細胞膜を構成する複合脂質 ·· 18
　2.4.3　細胞膜の構造 ·· 20
　2.4.4　細胞膜の物質透過性 ··· 21
　2.4.5　細胞内液と細胞外液 ··· 22

3. 生体の電気的特性

- 3.1 受動的特性 ……………………………………………………… 24
- 3.2 能動的特性 ……………………………………………………… 30
  - 3.2.1 静止電位 ……………………………………………… 30
  - 3.2.2 活動電位 ……………………………………………… 31
  - 3.2.3 神経細胞 ……………………………………………… 32
  - 3.2.4 生体の磁気 …………………………………………… 35
- 3.3 電流の生体作用 ………………………………………………… 35
  - 3.3.1 電撃 …………………………………………………… 35
  - 3.3.2 電撃の周波数特性 …………………………………… 37
  - 3.3.3 機能的電気刺激 ……………………………………… 38
- 3.4 電磁界の生体作用 ……………………………………………… 39
  - 3.4.1 静電界 ………………………………………………… 39
  - 3.4.2 静磁界 ………………………………………………… 39
  - 3.4.3 超低周波電磁界 ……………………………………… 40
  - 3.4.4 低周波・中周波・高周波電磁界 …………………… 41
  - 3.4.5 超高周波電磁界 ……………………………………… 42

4. 生体の音響特性

- 4.1 音と超音波 ……………………………………………………… 43
  - 4.1.1 音速 …………………………………………………… 45
  - 4.1.2 音響インピーダンス ………………………………… 47
  - 4.1.3 超音波の減衰 ………………………………………… 48
- 4.2 超音波の医療応用 ……………………………………………… 49
- 4.3 超音波の安全性 ………………………………………………… 51

5. 生体の力学的特性

- 5.1 力学的性質を表す用語 ………………………………………… 52
  - 5.1.1 応力 …………………………………………………… 53
  - 5.1.2 ひずみ ………………………………………………… 53
  - 5.1.3 ポアソン比 …………………………………………… 54

5.1.4　弾　性　率 ……………………………………………… 55
　　　5.1.5　粘性・粘度 ……………………………………………… 57
　5.2　生体組織の力学モデル …………………………………………… 60
　5.3　生体組織の力学的特性 …………………………………………… 61
　5.4　筋肉の分類と構造 ………………………………………………… 63
　5.5　骨の構造とリモデリング ………………………………………… 65

6. 生体の流体的特性

　6.1　血液とその粘度 …………………………………………………… 68
　6.2　血管内を流れる血液 ……………………………………………… 71
　6.3　層　流　と　乱　流 ……………………………………………… 72
　6.4　血液循環と心拍数調節 …………………………………………… 75
　6.5　血管の構造と脈波伝搬 …………………………………………… 76

7. 生体の熱的特性

　7.1　熱　と　温　度 …………………………………………………… 78
　7.2　ヒトの体温とその調節 …………………………………………… 79
　　　7.2.1　熱　の　産　生 …………………………………………… 80
　　　7.2.2　熱　の　伝　搬 …………………………………………… 80
　　　7.2.3　熱　の　放　散 …………………………………………… 81
　　　7.2.4　体温調節と発熱 …………………………………………… 81
　7.3　熱の生体物質への影響 …………………………………………… 83
　7.4　熱の医療応用 ……………………………………………………… 84

8. 生体の光特性

　8.1　光 …………………………………………………………………… 86
　8.2　原子・分子のエネルギー ………………………………………… 87
　8.3　光のエネルギーと光の吸収 ……………………………………… 88
　8.4　色　と　色　覚 …………………………………………………… 89
　8.5　生体物質による光吸収 …………………………………………… 90

8.5.1　可視光領域……………………………………………… *90*
　8.5.2　紫外線領域……………………………………………… *92*
　8.5.3　赤外線領域……………………………………………… *95*
8.6　光の反射・透過・散乱・減衰…………………………………… *95*
8.7　光の医療応用………………………………………………………… *97*
　8.7.1　パルスオキシメータ…………………………………… *97*
　8.7.2　サーモグラフィ………………………………………… *98*
　8.7.3　レーザ手術装置………………………………………… *98*

9.　生体の放射線特性

9.1　放射線の種類………………………………………………………… *99*
9.2　放射線に関する単位………………………………………………… *100*
9.3　放射線と物質の相互作用…………………………………………… *102*
9.4　放射線による生体への影響………………………………………… *103*
9.5　放射線の医療応用…………………………………………………… *105*
　9.5.1　放射線診断……………………………………………… *105*
　9.5.2　核医学検査……………………………………………… *106*
　9.5.3　放射線治療……………………………………………… *106*
9.6　放射線の安全性……………………………………………………… *107*

付録（生体物性の要点）

　1.　一般的性質………………………………………………………… *109*
　2.　生体の電気的特性………………………………………………… *110*
　3.　生体の音響特性…………………………………………………… *115*
　4.　生体の力学的特性………………………………………………… *118*
　5.　生体の流体的特性………………………………………………… *121*
　6.　生体の熱的特性…………………………………………………… *124*
　7.　生体の光特性……………………………………………………… *126*
　8.　生体の放射線特性………………………………………………… *127*

引用・参考文献………………………………………………………………… *130*
索　　　引………………………………………………………………………… *132*

1. 生体物性の概要

　生体物性とは，生体を物質としてとらえてその性質を理解し，現実の問題に応用できるようにまとめた学問領域である．現実の問題とは，生体に物理的エネルギーが加えられた場合や，生体の物理的情報を取得することを意味している．端的にいえば，医療に用いられている診断や物理的な手法による治療であり，その基盤となる学問分野が生体物性である．また，物理的エネルギーの安全性の観点からも，生体物性は重要な学問分野となっている．

1.1　生体物性と医療

　現代の医療は，診断や治療に用いられる医療機器なしには考えられない．その診断や治療にはいろいろな物理的エネルギーが用いられている．おもな物理的エネルギーは，電気・電磁気，音波・超音波，機械（力学），熱，光と放射線である．これらの物理エネルギーを利用したおもな機器・技術を**表1.1**にまとめた．

　診断機器は，生体がつくり出している物理的エネルギーを測定する場合と，生体に物理的エネルギーを加え，その応答を測定する場合に分けられる．具体的に述べれば，体脂肪計は生体に電気エネルギーを加える診断器である．生体の組織により電気的特性（インピーダンス）が異なることに基づいている（3.1節）．心電計，筋電計，脳波計は，生体がつくり出している電気エネルギー現象を測定している．生体が発生させる電気エネルギー現象は，能動的電気特性として3.2節で解説する．MRIは，磁場環境下における生体組織（特に水）の電磁波吸収・減衰特性に基づいている（3.4節）．心音計は，いうまで

1. 生体物性の概要

表 1.1 おもな物理的エネルギーと医療技術

物理的エネルギー	おもな診断機器	おもな治療機器・技術
電気・電磁気	心電計，筋電計，脳波計，体脂肪計，MRI	除細動器，機能的電気刺激，ハイパーサーミア（温熱療法），電気メス，心臓ペースメーカー
音波・超音波	心音計，超音波診断	結石破砕術，水晶体破砕術，超音波メス，ハイパーサーミア
機械（力学）	血圧測定，筋力測定	矯正術，吸引器
熱	サーモグラフィ	ハイパーサーミア
光	パルスオキシメトリ	レーザ光線治療，レーザ手術
放射線	X 線撮影・CT，ポジトロン CT（PET カメラ）	放射線治療

もなく心臓の拍動に伴って発生する音を測定する。超音波が生体組織に加えられた場合，生体組織によってその伝搬速度，反射特性（音響インピーダンス），減衰特性が異なっている（4章）。その性質を利用した方法が超音波診断である。血圧測定は血管の圧迫と解放により行い，筋力測定は筋組織が発生する力学的強度を測定する（5章）。サーモグラフィは，生体が発生する赤外線を計測する。その赤外線量は生体がつくり出している熱量に依存する（8章）。パルスオキシメトリは，経皮的に脈拍数や動脈血酸素濃度をモニターする測定法である。その原理は赤血球に含まれるヘモグロビンの光吸収特性に基づいている（8章）。X 線は高エネルギー電磁波であり，生体を容易に透過するが，その透過度が組織によって異なっているため，生体内部の情報が取得できる（9章）。ポジトロン CT は PET（Positron Emission Tomography）カメラとも呼ばれ，正電荷を持った陽電子（ポジトロン）の発生状態を測定する診断法である。陽電子は，^{18}F などの放射線同位元素の陽電子崩壊によって発生する。癌組織は正常組織よりグルコースを取り込みやすいことを利用し，^{18}F を結合させたグルコースを体内に投与し，グルコースの集積した癌組織を検出する。発生した陽電子は電子と結合して高エネルギー電磁波である γ 線を発生し，実際には，その γ 線量を測定している。

治療機器・技術では，生体に物理的エネルギーを加えている。そのエネル

ギーは，診断で用いるエネルギーより強いことが多い．どのような強度・条件でエネルギーを加えれば効果的に，また安全な方法になるかが重要である．その基盤となるのが生体物性である．本書は，それぞれの物理的エネルギーに関する生体の特性を解説することが目的である．また，血液の流体としての性質も6章で述べている．各論を述べる前に，生体物性の特徴をまとめる．

1.2 生体物性と生体構造の階層性

　生体物性の最大の特徴は，不均質な物質の物性であることである．しかも，その不均質さが秩序だったものであることが，一般の材料との最も大きな違いである．その秩序性は，生体構造が図1.1のように階層性を持っていることに起因する．

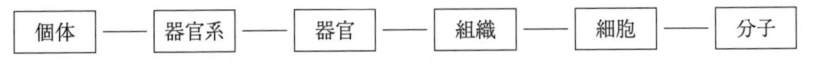

| 個体 ── 器官系 ── 器官 ── 組織 ── 細胞 ── 分子 |

器官系：一連の目的のために協調する器官の集団
器官：特定の機能を営む組織の集合体
組織：一定の配列や形態をとっている細胞の集団
細胞：生命を構成する基本単位
分子：水，電解質，有機化合物，無機化合物など

図1.1　生体構造の階層性

　器官系として消化器系を例にとると，食道，胃，小腸などの特定の機能を営む器官より形成され，食物の分解・吸収という目的のために協調して機能を果たしている．各器官を構成している組織は，表1.2に示したように4種類に大分類される．生命体を構成する基本単位が細胞であり，組織は細胞の集団によって形成されている．ヒトの場合，二百数十種類の異なった形態・機能を持った細胞から構成されている．細胞の成分は，水，電解質，有機化合物である．硬組織と呼ばれる骨や歯には，カルシウムとリン酸を主成分とする無機化合物が多く含まれている．なお，生体の基本単位である細胞とその構成成分について，生体物性を理解する上で重要と思われる観点から次章で解説する．

表 1.2 組織の分類

組織	種類
上皮組織	被覆し，整列し，また腺を構成する組織 　皮膚，消化管，気道，体腔の内面 　（保護，吸収，分泌の機能を持つ。）
支持組織	いろいろな組織，器官の間を埋めて，それらを結びつけたり，支えたりする組織 　結合組織（脂肪組織，血液組織を含む。）， 　軟骨組織，骨組織
筋組織	筋肉を構成する組織 　骨格筋，平滑筋，心筋
神経組織	脳と脊髄および末梢に伸び出した神経を構成する組織

1.3 生体物性の特徴

　生体が階層的構造体であり，いろいろな物質から構成されていることにより，物理的エネルギーが加えられた場合，その応答が一様にならない。すなわち，図1.2にまとめた特異的な性質を示すことになる。

特徴 ─┬─ 異方性
　　　├─ 非線形性
　　　├─ 周波数依存性
　　　├─ 温度依存性
　　　├─ 反射・散乱・吸収の特異性
　　　└─ 経時変化性

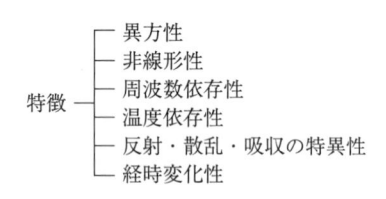

図 1.2 生体物性の特徴

1.3.1 異　方　性

　異方性とは，測定する方向によって特性が異なる性質である。特に，電気的特性，力学的特性において顕著に現れている。例として，筋組織の電気抵抗率を図1.3に示した。3章において詳しく述べるが，低周波数の電流は細胞外液を流れる。そのため細長い細胞で構成されている筋組織では，細胞の配列に平行な筋線維方向の抵抗率が垂直方向の抵抗率より低くなる。ちなみに，この図

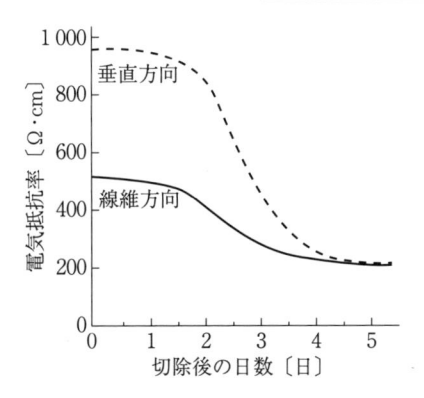

図 1.3 電気特性の異方性と経時変化
（イヌの骨格筋）[1]†

は 1.3.6 項の経時変化も表している。5 章で述べる力学的特性でも，血管を例にとれば，半径方向と血管方向の伸び方が非常に異なっている。

1.3.2 非 線 形 性

非線形性とは，加えられた物理的エネルギー量に対して，生じる応答が比例しない性質である。電気的特性，力学的特性，流体的特性などで顕著である。3.3 節で解説する電気刺激の場合，ある一定値以下では応答しないいわゆる閾値（しきい）が存在する。力学的特性や流体的特性でも，そのヤング率や粘度などの物性定数が一定とならない。その詳細については各章で解説する。

1.3.3 周波数依存性

周波数依存性とは，加えた物理力の周波数によって生体の応答が異なる性質である。3 章の電気的特性と 4 章の超音波特性において特に重要になっている。

1.3.4 温 度 依 存 性

温度依存性とは，温度によって生体の応答が異なる性質である。一般に，物質は温度により物理的特性が変化する。生体を構成するタンパク質や細胞膜な

---

† 肩付き数字は，巻末の引用・参考文献番号を表す。

どは，温度変化により構造や性質を変えやすいため，一般の物質よりも温度による影響が出やすいといえる。

1.3.5 反射・散乱・吸収の特異性

光や超音波に対し，生体は特徴的な反射・散乱・吸収の特異性を示す。この性質によって超音波診断やパルスオキシメトリが可能となっている。それぞれ4章の音響特性と8章の光特性において詳細に述べる。

1.3.6 経時変化性

生体は静的な物体ではなく，その誕生から死に至るまで絶えず変化している。すなわち，時間とともに細胞，組織，器官が変化している。また，短時間的にも周期的なリズムで変化している。このように時間の経過とともに変化する性質を経時変化性という。

経時変化性には体温，心拍数，血圧など1日を周期とする日単位のリズムや，季節に対応した年単位の変化などがあり，それによって生体の物性も影響を受けている。さらに，生命活動が終了した場合，酵素の働きなどにより物性の変化が生じる。一例として，図1.3に筋組織の電気抵抗率の経時変化を示した。

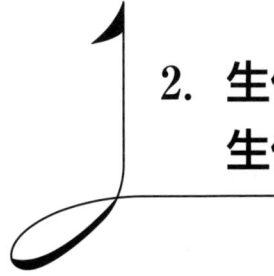

2. 生体物性に重要な生体物質

　細胞を構成する主要有機物質は，タンパク質，脂質，糖質，核酸である。これらの物質が電解質を含んだ水の中に存在し，脂質でできた細胞膜によって隔離されたものが細胞である。ヒトでは約60兆個の細胞から成り立っている。その個体構造は，カルシウムとリンの化合物を主体とする骨によって保たれている。そのため，生体を構成している主要元素は酸素，炭素，水素，窒素，カルシウムとリンであり，重量割合で99％を占めている。生体物性を理解するためには，まず生体を構成する物質の特性を知る必要がある。そのため本章では，生体物性にとって特に重要と思われる水，電解質，タンパク質と脂質・細胞膜について簡単に解説する。なお，骨の構成物質と構造については5章で解説する。

2.1　水

　細胞に最も大量に存在する物質は水であり，細胞の重量の70％を占めている。物質としての水は，非常に特殊なものである。「生命は水という特殊な媒体があったからこそ生まれた」といっても過言ではない。水の特性を図2.1にまとめた。

　これらの水の特性は，水の分子構造によって生じている。水は酸素原子と水素原子2個から形成され，その構造は図2.2となる。酸素と水

特性
- 沸点が高く，蒸発熱が大きい。
- 融点が高く，溶解熱が大きい。
- 1気圧のもと，4℃で最大密度を示す。
- 液体から固体になると体積は11％増す。
- 電解質をよく溶かす。
- 極性の有機物を溶かす（親水性）。
- 無極性の有機物を溶かさない（疎水性）。

図2.1　水の特性

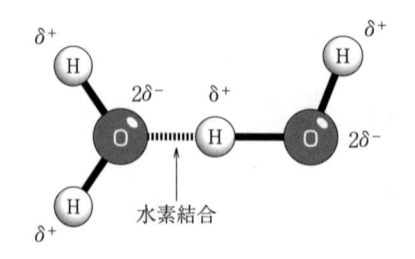

図2.2 水の構造と水素結合

素は共有結合で結ばれているが、水素の原子核の陽子が一つであるのに対して酸素は陽子を8個持っているため、共有結合に使われている電子は一つの分子内で水素より酸素のほうに引き寄せられる。その結果、電子の分布に偏りが生じ、部分的な正または負の電荷が生じる。これを**分極**という。図に示すように、これらは通常それぞれδ^+とδ^-で表される（δは「局所」の意味）。もう一つの酸素と水素の共有結合でも同様に電子の偏りが生じている。もし水の構造が直線構造であった場合は、それぞれの分極が打ち消し合って、水全体では電気的性質が現れない。しかし、実際の水分子は図2.2のように折れ曲がった構造であるため、正と負の電気双極子による性質が現れてしまう。その性質を**極性**と呼んでいる。つまり、電荷の総量は0で電気的に中性であるが、電子が非対称に分布しているので極性分子になるということである。

水がかなり強い極性分子であることにより、図2.1にまとめた水の特性が生じている。水分子どうしについては、図2.2に示すように、酸素の$2\delta^-$と他の水分子の水素のδ^+の間に**双極子相互作用**といわれる電気的な引力が働く。水素を介した双極子相互作用は特に大きなものであり、**水素結合**と呼ばれている。水どうしの引力が大きいため、沸点や融点が高く、その相変化に必要な熱量も大きくなる。参考までに、同程度の分子量を持ち極性を持たないメタン分子と比較した値を**表2.1**に示す。

表2.1 水とメタンの融点と沸点

	分子量	融点〔℃〕	沸点〔℃〕
水	18	0.0	100.0
メタン	16	−182.5	−161.5

液体から固体になるときに体積が増加する物質は少なく、その中でも体積が11％も増加する物質は水以外にない。水が固体となるときに水分子どうしの相互作用力が最も大きい構造となるため、体積の増加が生じているわけである。

物質が溶媒に溶けるという現象は，その物質を構成している分子やイオンがばらばらになって溶媒に囲まれることによって生じる。これを**溶媒和**と呼んでいる。水は塩化ナトリウムなどイオン結合している物質を溶かしやすい。その理由は**図2.3**に示されている。ナトリウムの陽イオン（Na^+）には水の酸素部分が配向し，塩素の陰イオン（Cl^-）には水素部分が配向することにより，それぞれ水によって溶媒和される。塩化ナトリウムの水への溶解度には上限があるが，それは塩化ナトリウムの量が増えると水分子が Na^+ イオンと Cl^- イオンを囲むことができなくなるためである。

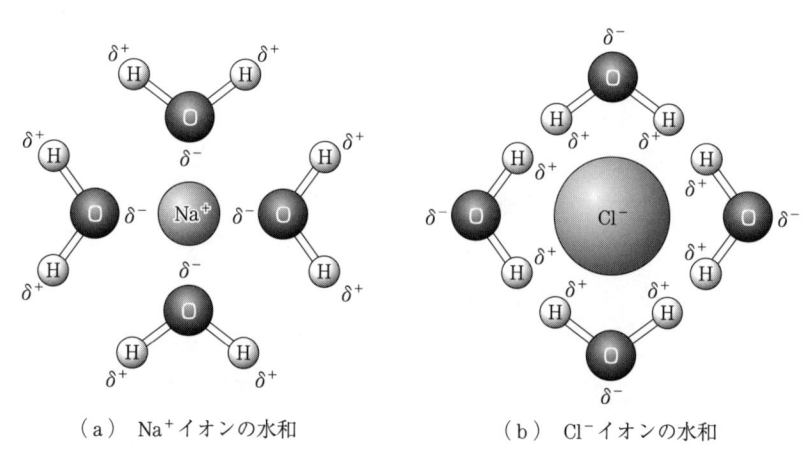

（a）Na^+イオンの水和　　　　（b）Cl^-イオンの水和

図2.3　塩化ナトリウムの水への溶解[1)]

水はアルコール，アルデヒド，ケトンおよびN-H結合などを含む化合物も溶かすことができる。これらの化合物は，**図2.4**に示すように，水と水素結合を形成することができる極性の官能基を持っている。こ

（a）アルコール　　　　（b）ケトン

図2.4　アルコールとケトンの水との相互作用

れらの化合物を**親水性物質**と呼んでいる。

水は，逆に炭化水素のように無極性の化合物は溶かすことができない。これらの化合物を**疎水性物質**と呼んでいる。親水性物質と疎水性物質を**表2.2**にまとめた。なお，極性の官能基に結合している炭化水素の炭素数が多くなった場合には，疎水性の性質が勝ってくることを忘れてはいけない。例えば，メチルアルコール，エチルアルコール，ブチルアルコールなど炭素数が1～3個のアルコールは，水と任意の割合で混じり合う。4個以上では高級になるほど（炭素の数が多くなるほど）水に溶けづらくなり，13個以上では水に溶けなくなる。これは，炭化水素部分の割合が増して疎水性が強く出てくるからである。

表2.2 親水性物質と疎水性物質の例

親水性物質	疎水性物質
極性共有結合化合物	無極性共有結合化合物
例）アルコール 　　ケトン 　　糖 　　アミノ酸	例）炭化水素 　　コレステロール 　　脂肪酸

2.2 電　解　質

電解質とは，ある溶媒に溶かしたとき，その溶液が電気伝導性を持つ物質をいう。端的にいうと，溶液中でイオンに解離する物質である。前節で述べたように水は電解質をイオンとして溶かすことができ，体の水すなわち体液には多くの電解質が含まれている。その電解質組成を**図2.5**に示した。また，この図には海水の電解質濃度も示している。

体液として血漿，組織液と**細胞内液**を挙げている。血漿は血液の液体成分であり，組織液は細胞の外にある体液である。血漿と組織液を合わせて**細胞外液**と呼んでいるが，陽イオンに着目してみるとそれらの組成はほとんど同じである。一方，細胞内液のイオン組成とはまったく異なっている。陽イオンについては，細胞外液でNa^+イオンが多いのに対し，細胞内液ではK^+イオンが多い。また，細胞内液にはCa^{2+}イオンがほとんど含まれていない。このような電解質組成の相違が生じる理由は，2.4.5項の細胞膜の項で述べる。細胞内外

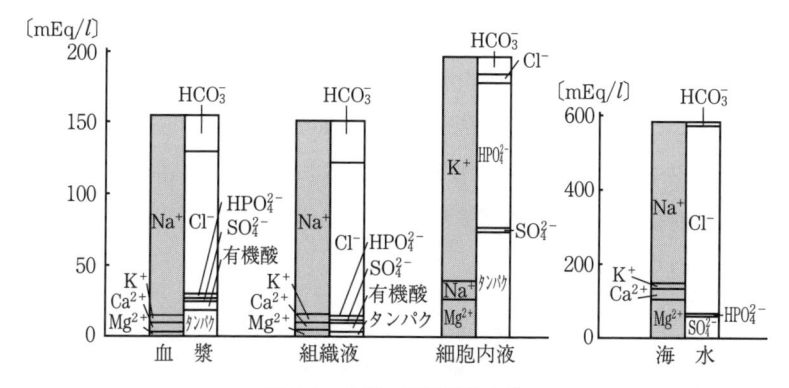

図 2.5 体液の電解質濃度[2)]

での陽イオン組成の違いは生体の能動的電気的性質において特に重要であり，3.2節で詳しく述べる。

　図2.5には海水の電解質組成も示した。その陽イオン組成は細胞外液と似ていることに気づくと思う。ただし，濃度は約3倍以上になっている。生命体は約35億年以上前に原始の海で生まれ，約15億年前に真核生物が誕生したと考えられている。真核細胞と呼ばれる真核生物の細胞は，そのDNAが核膜で囲まれ，酸素を利用してエネルギーをつくり出すシステムを持っている。単細胞体であった真核生物のあるものは多細胞化し，ヒトの誕生に至ったわけである。われわれの細胞の基本構造は真核細胞であり，われわれの体液は15億年前の海の組成なのである。図2.5の海水の組成は，まさにその進化の証拠を示している。

2.3 タンパク質

2.3.1 タンパク質を構成するアミノ酸

　タンパク質の基本化合物は α-**アミノ酸**である。アミノ酸はアミノ基とカルボキシル基をともに持つ化合物であり，α-アミノ酸は同一の炭素にアミノ基とカルボキシル基が結合している。アミノ基とカルボキシル基は，脱水縮合反

応によりアミドと呼ばれる構造を形成できる。アミノ酸どうしが結合した場合，その末端にはアミノ基とカルボキシル基があるため，さらにアミド形成反応を起こすことができる。その結果，アミノ酸が多数つながった構造体が生じる。これがタンパク質である。なお，タンパク質のアミド結合は，α-アミノ酸による特別なものとして**ペプチド結合**という名前がつけられている。反応式は以下のとおりである。

$$H_3N^+ - \underset{H}{\overset{R_1}{C}} - COO^- + H_3N^+ - \underset{H}{\overset{R_2}{C}} - COO^- \rightarrow H_3N^+ - \underset{H}{\overset{R_1}{C}} - \underset{H}{\overset{O}{C}} - \underset{H}{N} - \underset{H}{\overset{R_2}{C}} - COO^- + H_2O$$

ペプチド結合

　タンパク質に使われている α-アミノ酸は通常 20 種類に限られている。これら 20 種類のアミノ酸を，グループ A：非極性アミノ酸（疎水性），グループ B：極性，非電荷アミノ酸（親水性），グループ C：極性，電荷アミノ酸（親水性）に分類して**図 2.6** に示した。アミノ酸側鎖に極性があって水との親和性があるアミノ酸は親水性であり，一方，無極性の側鎖を持つアミノ酸は疎水性となる。

　グループ A の非極性アミノ酸は疎水性であるため，水からは排斥される。その結果，タンパク質の立体構造の内部に集まることとなり，タンパク質の構造形成に大きくかかわっている。グループ B のセリン，トレオニン，チロシンはヒドロキシ基（OH 基）を有するアルコールでもある。ヒドロキシ基は水素結合を形成できるため，タンパク質の構造形成に重要であるとともに，酵素にとって重要な側鎖となる。メチオニンとシスチンは硫黄原子を含み，特にシスチンの SH 結合はタンパク質の架橋形成に重要である。グループ C のアスパラギン酸とグルタミン酸はカルボン酸の側鎖を持ち，中性付近の pH では H^+ を解離して負に帯電している。塩基性アミノ酸であるリシン，アルギニン，ヒスチジンは側鎖に窒素原子を含み，中性付近の pH では H^+ と結合して正に帯電している。フェニルアラニン，チロシン，トリプトファンは芳香環を持っている。芳香環は紫外線を吸収するため，タンパク質による波長 280 nm

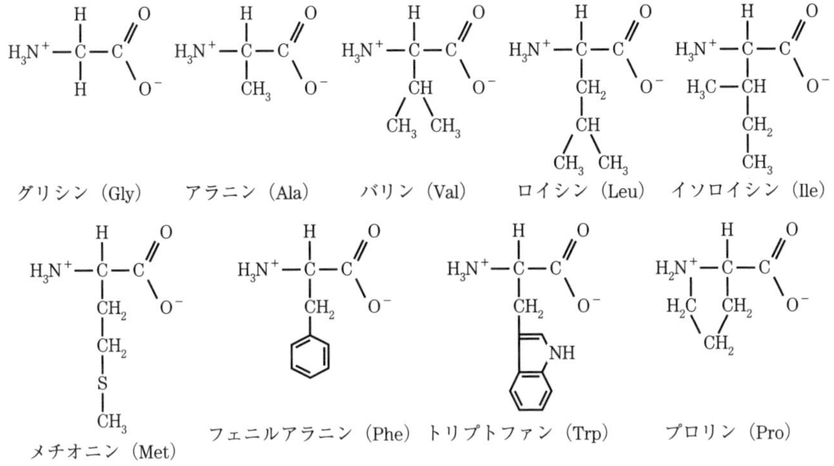

2.3 タンパク質

グループA：非極性アミノ酸（疎水性）

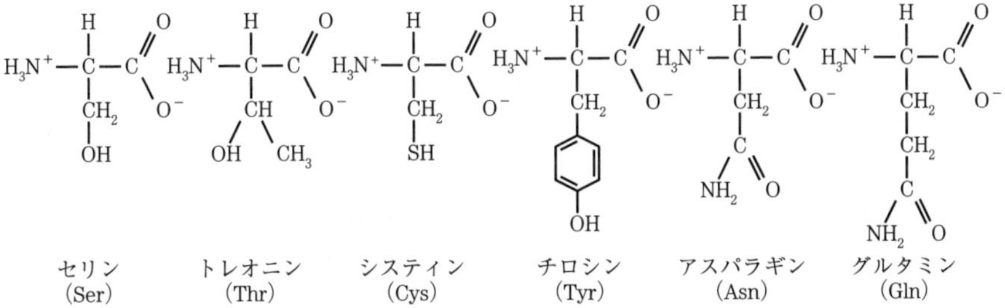

グリシン（Gly）　アラニン（Ala）　バリン（Val）　ロイシン（Leu）　イソロイシン（Ile）

メチオニン（Met）　フェニルアラニン（Phe）　トリプトファン（Trp）　プロリン（Pro）

グループB：極性，非電荷アミノ酸（親水性）

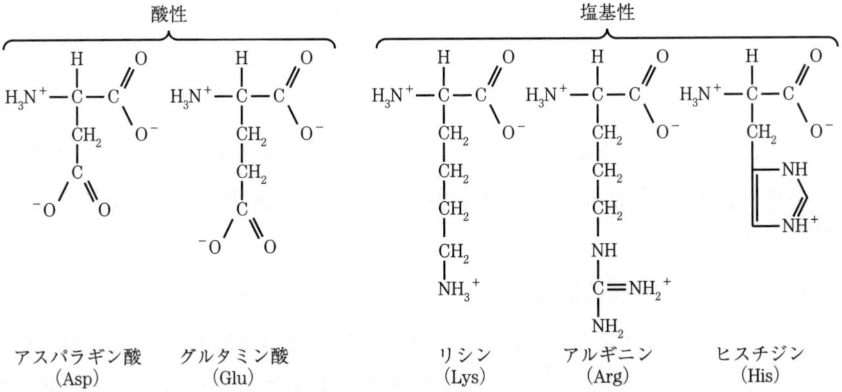

セリン（Ser）　トレオニン（Thr）　システイン（Cys）　チロシン（Tyr）　アスパラギン（Asn）　グルタミン（Gln）

酸性

アスパラギン酸（Asp）　グルタミン酸（Glu）

塩基性

リシン（Lys）　アルギニン（Arg）　ヒスチジン（His）

グループC：極性，電荷アミノ酸（親水性）

図 2.6　タンパク質を構成する α-アミノ酸 20 種類の構造

付近での特徴的な吸収性の原因となっている。8.5節で述べる生体の光吸収で重要となる。

2.3.2 タンパク質の種類と機能

タンパク質は，すでに述べたように20種類の α-アミノ酸がペプチド結合によってつながった生体高分子である。ヒトの場合，約10万種類のタンパク質があるといわれ，表2.3に示したように，いろいろな機能を担っている。

表2.3 タンパク質の機能による分類

機能	種類（代表的な例）
酵素	ペプシン，アミラーゼ，リパーゼ
輸送	アルブミン，ヘモグロビン，リポタンパク質
貯蔵	フェリチン
構造	コラーゲン，エラスチン，ケラチン
防御	血液凝固因子，抗体，補体
運動	アクチン，ミオシン
その他	ヒストン，受容体，膜輸送タンパク質

コラーゲンやエラスチンは血管の構成タンパク質であり，血管の特異的な力学的特性をもたらしている。アクチンとミオシンは筋細胞の主要物質である。これらのタンパク質は，5章で述べる生体の力学的特性において重要となる。ヘモグロビンに含まれるヘム構造体は血液が赤色となる因子であり，8章の光特性において重要となる。輸送タンパク質であるアルブミンやリポタンパク質などは血液に含まれる血漿タンパク質であり，6章で述べる血液の粘性に大きくかかわっている。膜輸送タンパク質は細胞膜に組み込まれているタンパク質であり，3章の電気的特性において重要となる。2.4.4項で，詳しく述べる。

2.3.3 タンパク質の構造

タンパク質のような大きな分子は，多くの異なった三次元構造（コンホメーション）が可能である。タンパク質の構造は複雑であるため，一般に図2.7に示した四つのレベルで定義されている。

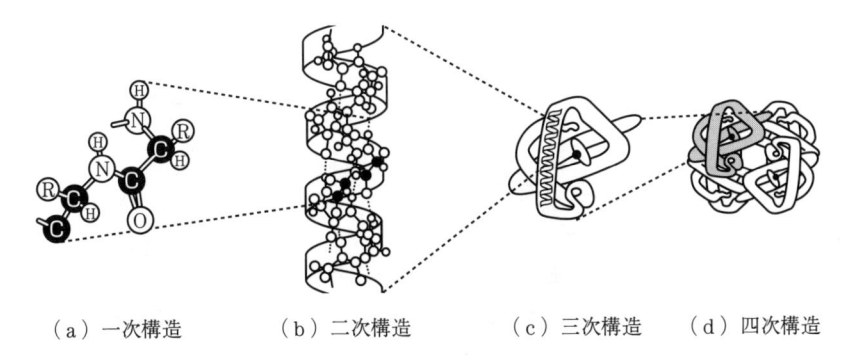

(a) 一次構造　　　(b) 二次構造　　　(c) 三次構造　　　(d) 四次構造

図 2.7　タンパク質構造の四つの階層[1]

（1）　一次構造：アミノ酸の配列

その表記は，遊離のアミノ基を持つ N 末端（N-terminal）アミノ酸残基から読み始め，順に配列に従い，最後に遊離カルボキシル基を持つ C 末端（C-terminal）アミノ酸残基で読み終わる。

（2）　二次構造：ポリペプチド鎖の部分的な三次元構造

α-ヘリックス構造や β-シート構造と呼ばれる周期的な構造であり，**図 2.8** に示す。これらの構造を形成する理由はおもに以下の二つであるが，詳細な説明は省略する。

① ペプチド結合の C–N 結合は二重結合性をもっており，回転ができない。
② C=O と N–H 間に働く水素結合により安定化される。

- らせん構造を形成すると，各アミノ酸の N–H 基と 4 残基離れたアミノ酸のカルボニル基との間に水素結合が形成される。
- ペプチド板状構造体は隣り合ったペプチド鎖間で水素結合を形成する。

（3）　三次構造：タンパク質全体の立体的構造

二次構造が直線的に維持されていれば線維状タンパク質となり，折れ曲がる構造を加えることにより球状タンパク質となる。折れ曲がりの部分は規則的な二次構造ではないため，その部分の二次構造をランダム構造と呼ぶ場合もある。三次構造は，**図 2.9** に示したイオン結合，水素結合，疎水性およびファ

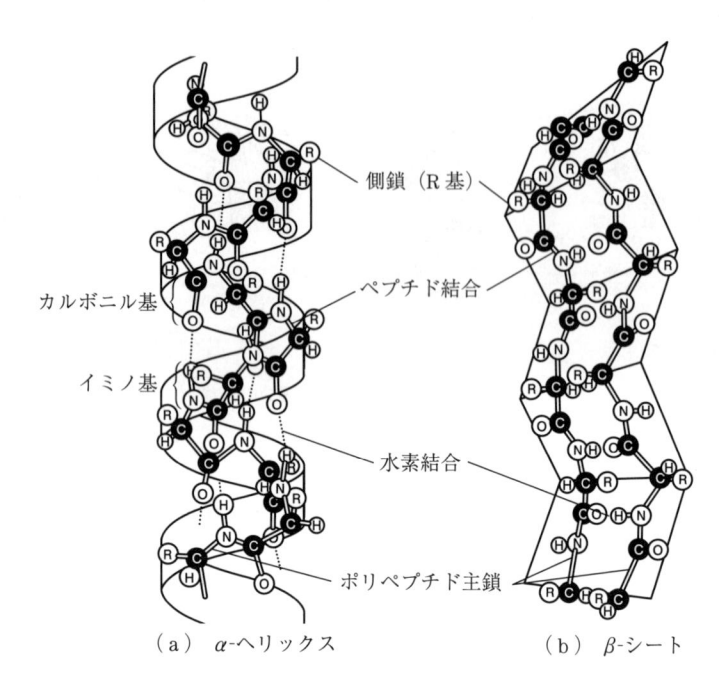

図2.8 α-ヘリックス構造とβ-シート構造[1]

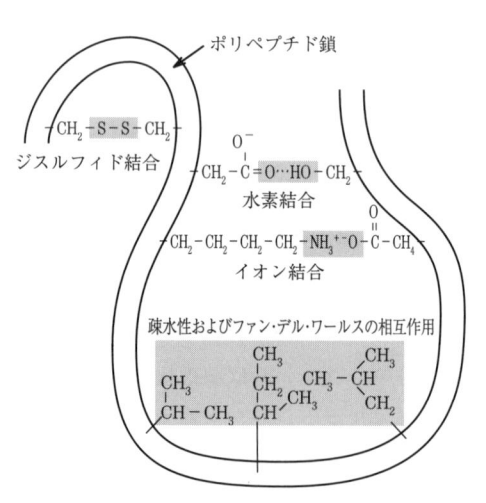

（a）α-ヘリックス　　（b）β-シート

図2.9 タンパク質の三次元構造を安定化する結合と相互作用[1]

ンデルワールスの相互作用，ジスルフィド結合によって安定化されている。ジスルフィド結合はシスチン間で生じる結合反応であり，共有結合であるため最も強い。

（4） 四次構造：複数のタンパク質から形成される構造

ヘモグロビンは四つのタンパク質から形成された四次構造体である。四次構造体が集合してさらに高次の構造体を形成する場合もあり，コラーゲンは七次構造体となる線維束として存在している。

2.3.4 タンパク質の変性

変性とは，タンパク質の2次構造以上の構造が変化することを意味している。熱，pH変化，水溶性有機溶媒，界面活性剤，尿素，Ca^{2+}等の2価イオンなどによって変性が生じる。これらは図2.8に示した作用力を壊すことが可能であり，タンパク質の構造変化を起こさせる。一次構造の変化はアミノ酸配列の変化を意味しており，これはタンパク質の分解となる。タンパク質の熱変性は7章の熱的性質において重要となる。

2.4 脂質と細胞膜

脂質は，「生物が有する有機化合物のうち，水に不溶でエーテルなどの有機溶媒に溶ける物質」と定義され，**単純脂質**，**複合脂質**，**誘導脂質**に分類されている。単純脂質は，ヒトの皮下脂肪や体内脂肪の成分であり3章の電気的特性において重要となる。複合脂質は細胞膜に用いられている脂質であり，2.4.2項で詳しく述べる。誘導脂質は単純脂質や複合脂質から合成される物質や前駆物質であり，コレステロールなどが含まれる。

2.4.1 単 純 脂 質

単純脂質は**トリアシルグリセロール**と呼ばれ，グリセロールの三つの水酸基それぞれに長鎖カルボン酸が結合したトリエステルである。反応式は以下のと

おりである。

$$\begin{array}{c}CH_2-OH\\|\\CH-OH\\|\\CH_2-OH\end{array} + \begin{array}{c}R_1-COOH\\\\R_2-COOH\\\\R_3-COOH\end{array} \rightarrow \begin{array}{c}CH_2-O-\overset{O}{\overset{\|}{C}}-R_1\\|\\CH-O-\overset{O}{\overset{\|}{C}}-R_2\\|\\CH_2-O-\overset{O}{\overset{\|}{C}}-R_3\end{array} + 3H_2O$$

グリセロール　　　　脂肪酸　　　　　　トリアシルグリセロール

　長鎖カルボン酸は脂肪酸と呼ばれており,油脂を NaOH 水溶液で加水分解することによって遊離させることができる。これまでに 100 種類以上の異なる脂肪酸が同定されている。代表的な脂肪酸を表 2.4 に示す。炭化水素鎖がすべて飽和されているものと,不飽和結合を有しているものに大別できる。単純脂質は,炭素数が多い脂肪酸が結合しているため疎水性の物質となる。

表 2.4 代表的な脂肪酸

名　称	炭素数	構　造	融点〔℃〕
融和			
ラウリン酸	12	$CH_3(CH_2)_{10}CO_2H$	44
ミリスチン酸	14	$CH_3(CH_2)_{12}CO_2H$	58
パルミチン酸	16	$CH_3(CH_2)_{14}CO_2H$	63
ステアリン酸	18	$CH_3(CH_2)_{16}CO_2H$	70
アラキジン酸	20	$CH_3(CH_2)_{18}CO_2H$	75
不飽和			
パルミトレイン酸	16	$CH_3(CH_2)_5CH=CH(CH_2)_7CO_2H$ (*cis*)	-0.1
オレイン酸	18	$CH_3(CH_2)_7CH=CH(CH_2)_7CO_2H$ (*cis*)	13
リシノール酸	18	$CH_3(CH_2)_5CH(OH)CH_2CH=CH(CH_2)_7CO_2H$ (*cis*)	5
リノール酸	18	$CH_3(CH_2)_4CH=CHCH_2CH=CH(CH_2)_7CO_2H$ (*cis,cis*)	-5
アラキドン酸	20	$CH_3(CH_2)_4(CH=CHCH_2)_4CH_2CH_2CO_2H$ (全 *cis*)	-50

2.4.2 細胞膜を構成する複合脂質

　細胞膜の主成分である複合脂質は,単純脂質と同様にグリセロールのエステ

ルである。リンを含むため**グリセロリン脂質**と呼ばれ，略して**リン脂質**といわれる。その構造を**図2.10**に示した。グリセリンの二つの水酸基には脂肪酸が，三つ目の水酸基にはリン酸が結合し，さらにリン酸には頭部基と呼ばれる親水性の構造体Xが結合している。細胞膜を構成している代表的なグリセロリン脂質を**表2.5**に示した。

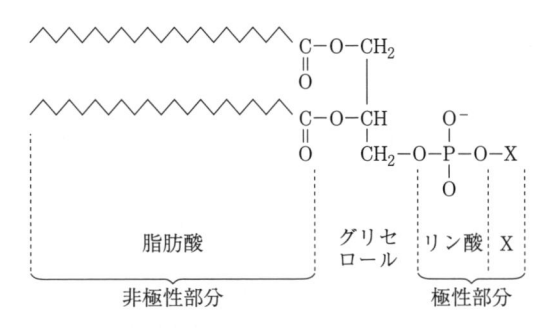

図2.10 細胞膜を構成しているグリセロリン脂質

表2.5 代表的なグリセロリン脂質

X - OH の名称	Xの構造式	グリセロリン脂質の名称
エタノールアミン	$-CH_2CH_2NH_3^+$	ホスファチジルエタノールアミン
コリン	$-CH_2CH_2N(CH_3)_3^+$	ホスファチジルコリン（レシチン）
セリン	$-CH_2CH(NH_3^+)COO^-$	ホスイファチジルセリン
グリセロール	$-CH_2CH(OH)CH_2OH$	ホスファチジルグリセロール
イノシトール	(シクロヘキサン環構造)	ホスファチジルイノシトール

細胞膜を構成しているすべてのリン脂質は，**両親媒性**という共通の性質を持っている。両親媒性とは，親水性と疎水性の両方の性質を持っていることである。このような化合物が水中にあった場合，球状構造体を形成する。その構造の一部分を**図2.11**に示したが，疎水性の炭化水素鎖どうしが配向した2重

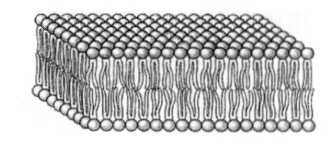

丸い部分：リン酸—X 構造体
ひげ部分：脂肪酸の炭化水素

図 2.11　脂質二重膜

膜構造となっている．この構造体が細胞膜であり，**脂質二重膜**とも呼ぶ．

2.4.3　細胞膜の構造

　脂質二重膜によって，細胞膜が形成された．しかし，細胞が生命活動をするためには，栄養物を細胞内部に取り込んだり，不要物を細胞外に出すことが必要となる．脂質二重膜だけでは，そのような機能を発揮できない．その役割を果たしているのが，膜内に組み込まれたタンパク質である．細胞膜に含まれるタンパク質は**膜タンパク質**と呼ばれる．表 2.6 にまとめたように，細胞膜にいろいろな機能を与える役割を果たす．実際の細胞膜にはさらにコレステロール類が含まれている．コレステロールは硬い構造体であるため，脂質の軟らかい脂肪酸直鎖を安定化し，細胞膜の強度を上げることに役立っている．このよ

表 2.6　細胞の膜タンパク質

輸送体	チャネル，運搬体
構造体	アクチンフィラメント，中間径フィラメント
接着因子	カドヘリン，セレクチン，インテグリンなど
受容体（レセプター）	G タンパク質連結型，イオンチャネル連結型など
表面抗原	白血球抗原，赤血球抗原など

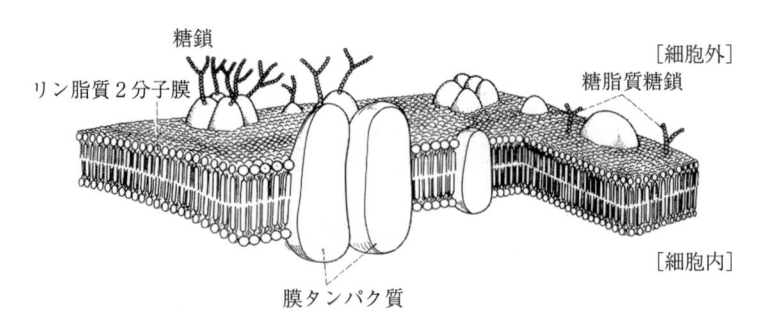

図 2.12　細胞膜の模型

うに細胞膜は，リン脂質，コレステロール，タンパク質などのいろいろな有機化合物から構成された複合体であるといえる。その模型を**図2.12**に示した。

2.4.4 細胞膜の物質透過性

内部が疎水性脂肪酸から構成されている脂質二重膜は，**図2.13**に示したように対象とする物質によって透過性が異なっている。

一般的には，分子が小さいほど，また疎水性であるほど透過性が高い。O_2 や CO_2 などのような極性の小さな分子は脂質二重層に溶け込みやすく，したがって拡散も速い。電荷を持たない極性分子も，水や尿素など小さな分子であれば透過する。しかし，グリセロールになると少し遅くなり，グルコースはほとんど通過できない。イオン自体は小さな形状であるが，水に囲まれた状態にあり，単純拡散では細胞膜を透過できない。そのため，イオンやグルコースなど細胞膜を単純拡散できない分子に対し，特別な仕組みが細胞膜に組み込まれている。それが**図2.14**に示した**膜輸送タンパク質**であ

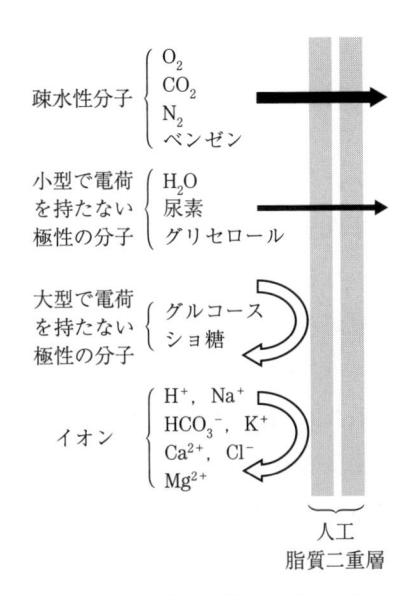

図2.13 脂質二重膜におけるさまざまな物質の透過性[3]

り，**チャネルタンパク質**と**運搬体（輸送体）タンパク質**の二つに大別できる。

チャネルタンパク質はおもにイオンの輸送に関係している。タンパク質の構造変化なしに溶質を通過させるが，ほとんどの場合，普段はそのゲートが閉じられていて，必要に応じて開かれる。運搬体タンパク質は溶質分子と結合し，構造変化が生じて溶質分子を反対側に輸送する。運搬体タンパク質による輸送は，**受動輸送**と**能動輸送**の2種類に分類される。受動輸送とは溶質の濃度勾配に従った輸送であり，能動輸送とはエネルギーを費やして濃度の低いほうから

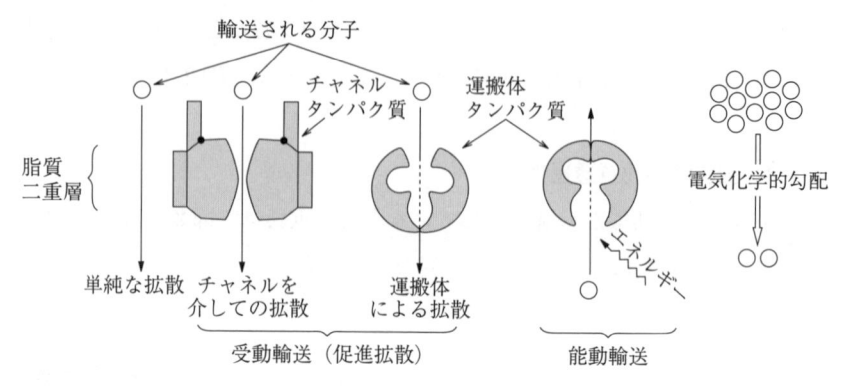

図 2.14 細胞膜を介して行われる受動輸送と能動輸送[3]

高いほうへ送り出す輸送である。能動輸送の運搬体タンパク質は，溶質をくみ出す働きをするため，ポンプとも呼ばれている。チャネルやポンプは，3章の電気特性において重要となる。また，2.2 節で述べた細胞内液と外液の電解質組成が異なっていることに大きくかかわっており，次項で詳しく述べる。

2.4.5 細胞内液と細胞外液

細胞内の K^+ 濃度は細胞外よりも 10 〜 20 倍高く，Na^+ についてはこの逆である。この濃度差を維持するのは，われわれの細胞にある **Na^+/K^+ポンプ** の働きである。なぜこのような仕組みが必要となったのであろうか。それは原始の海で生まれ，進化した細胞にとっては必要な仕組みであった。

細胞には遺伝をつかさどる核酸があるが，核酸はヌクレオチドが結合したものである。ヌクレオチドは，リボースという糖にリン酸と塩基が結合した構造体である。リン酸は細胞内では陰イオンとなっており，Na^+ などの陽イオンを強く引きつける。また，細胞内のタンパク質も陰イオンになっているものが多い。つまり，細胞内の物質は陽イオンを引きつける性質がある。細胞の脂質二重膜は Na^+ などのイオンを透過しないことを述べたが，少しずつは漏れるため，細胞内の陽イオン濃度は細胞外の濃度より高くなってしまい，**浸透圧**が発生する。つまり，短時間的には陽イオンは脂質二重膜を通れないわけであり，

2.4 脂質と細胞膜

水は透過できるため，図 2.15 のように水が細胞内に浸透するわけである．その結果，細胞は破壊されることになったはずである．

生命体は，それぞれ三つの仕組みをつくり出して生存を可能とした．動物細胞は図 2.16 に示した Na^+/K^+ ポンプを使っている．このポンプは，Na^+ を 3 個細胞外に排出するとき K^+ を 2 個取り込む仕組みである．そのため細胞内の K^+ 濃度は細胞外よりも 10 〜 20 倍高くなったわけである．植物は，固い細胞壁を形成して膨張を防いでいる．原始動物の多くは，水を特殊な収縮胞という構造中にためて，周期的に外部にはき出している．

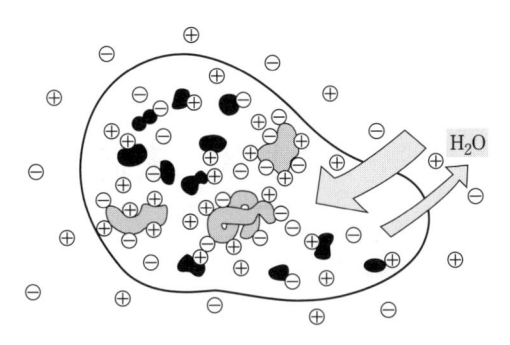

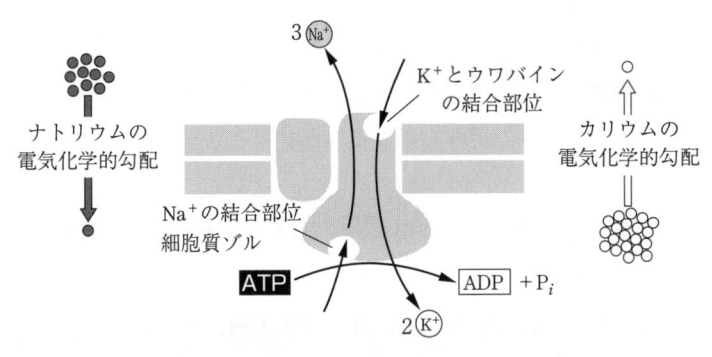

図 2.15 陽イオン増加による細胞内への水の浸透[3]

図 2.16 Na^+/K^+ ポンプ[3]

われわれの細胞について，細胞の内外でイオン濃度が異なっていることや Na^+/K^+ ポンプを持っていることは，3 章の電気特性において重要である．特に神経の仕組みの基礎となっている．

3. 生体の電気的特性

　生体の電気的特性は，神経や筋などが興奮や収縮を起こす場合に発生する電気的活動と，生体を物質として取り扱うことができる場合の特性に大別される。前者は能動的特性と呼ばれ，後者は受動的特性と呼ばれている。

3.1　受動的特性

　受動的とは，いうまでもなく他から働きかけを受けることである。**受動的電気特性**とは生体に電気エネルギーを加えた場合の特性であるが，大きな電流を加えた場合には次節で述べる能動的特性を誘起させてしまい，神経や筋など興奮性の細胞が刺激され，電位を発生する。すなわち生体の受動的電気特性とは電流が小さい場合であり，生体を単なる導電材料として取り扱うことができる場合の特性となる。

　一般に，物質の電気的特性を表現する定数は，表3.1に示す**導電率** σ，**誘電率** ε，**透磁率** μ である。

　生体を構成している物質の中には磁性を有する物質が存在する。例えば，酸素の運搬タンパク質であるヘモグロビンのヘム部位にある2価の鉄や酸素分子などである。しかし，それらの影響は少なく，生体の透磁率は真空の透磁率にほぼ等しい。そのため生体は**非磁性体**として取り扱うことが可能であり，生体の電気的特性は導電率と誘電率を基に理解することができる。

　生体の基本単位である細胞の電気的特性値（電気定数）を表3.2に示す。表にあるように，生体物性関連では導電率の単位として〔mS/cm〕を使うこ

表3.1 物質の電気的特性を表現する定数

	意味	定義	単位
導電率	電気の通りやすさ	抵抗率の逆数	[S/m]（ジーメンス毎メートル）
誘電率	電気のためやすさ	電場の強さ E と電束密度 D の関係 $D = \varepsilon E$ における比例定数 ε（比誘電率は，真空の誘電率を1としたときの誘電率）	[F/m]（ファラデー毎メートル）
透磁率	磁力線の通りやすさ	磁場の強さ H と磁束密度 B の関係 $B = \mu H$ における比例定数 μ（比透磁率は，真空の透磁率を1としたときの透磁率）	[H/m]（ヘンリー毎メートル）

表3.2 細胞の電気的特性値[1]

	抵抗率 [Ω·m]	導電率 [mS/cm]	比誘電率
細胞外液	1 (0.2〜1)	10〜50	70
細胞内液	0.6 (0.3〜3)	3〜30	50〜80
細胞膜	10^8		8
細胞膜の静電容量： 1〜10 μF/cm²			

とが一般的である。

電子は水の H^+ と結合してしまうため，水中での電荷キャリヤーにはなれないが，細胞外液と細胞内液に溶け込んでいるイオンによって電荷は運ばれる。前章で述べたようにイオンは脂質二重膜から形成された細胞膜を透過できないため，細胞膜は非常に大きな抵抗率を有している。細胞膜は膜厚が5〜10 nm程度の非常に薄い膜であり，その静電容量は1〜10 μF/cm² 程度の値となる。すなわち，細胞膜は**コンデンサー**の働きをすることになる。直流および周波数が低い場合は，**導電電流**のみが流れる状態であり，電流は細胞外液を通して流れることになる。周波数が高くなると，コンデンサーである細胞膜を通る**変位電流**も流れ始めることになる。すなわち図3.1に示すように周波数によって電流経路が変わる。

生体組織の導電率と誘電率を測定した場合，組織によってその周波数域は異なるが，一般的性質として図3.2に示すようにある周波数においてその値が急激に変化する。このような性質，すなわち，特定の周波数でその特性値が異

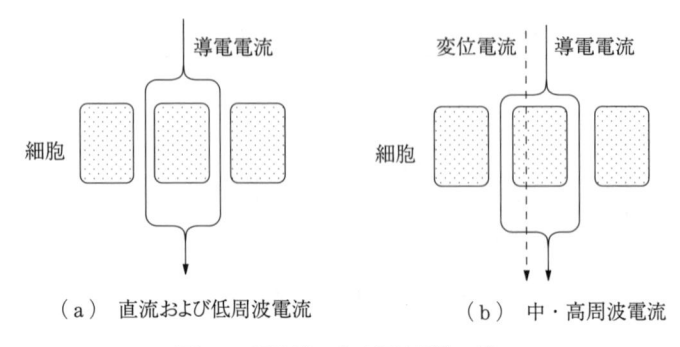

(a) 直流および低周波電流　　(b) 中・高周波電流

図 3.1 周波数による電流経路の違い

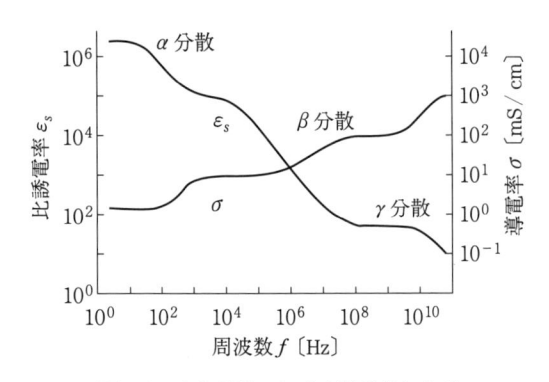

図 3.2 生体組織における導電率および誘電率の周波数依存性[1]

なる性質を**周波数分散性**，あるいは単に**分散性**と呼んでいるが，生体組織は誘電率と導電率において分散性を持っている。しかも三つの周波数領域において分散が現れ，それぞれ低周波数のほうから**α分散**，**β分散**，**γ分散**と呼ばれる。それぞれの周波数域において，比誘電率は急激に減少し，導電率は増加している。

なぜこのような分散性を持っているのであろうか。まず，β分散から解説するが，β分散は，図 3.1 に示すように，電流の経路が周波数によって変わることによって生じている。すでに述べたとおり周波数が低い場合は導電電流のみが流れる状態であり，電流は細胞外液を通して流れることになる。周波数が高くなると，コンデンサーである細胞膜に変位電流が流れ始めることになる。こ

の電流経路の変化によって分散現象が生じている．ここで，β分散が生じる中程度の周波数領域における**等価回路**を考え，理論的に考察してみよう．図3.1（b）の等価回路は，図3.3（a）が最も妥当であろう．すなわち，細胞外液を通る**導電経路**として抵抗器のインピーダンスの逆数であるコンダクタンスG_oを，細胞内を通る**変位経路**として細胞膜の静電容量C_mと細胞内液のコンダクタンスG_iを考慮する．添え字mは細胞膜（membrane），iは内部（inner），oは外部（outer）を表している．厳密に考えると細胞膜を2回通るためコンデンサーは二つとなるが，合わせて一つとすることで最も簡単な等価回路となる．

（a） 細胞の等価回路　　　　　（b） 個体の等価回路

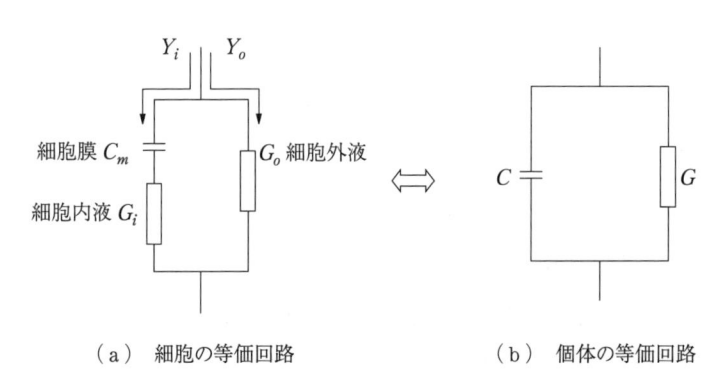

図3.3 細胞と個体の電気的な等価回路（中程度の周波数領域）

個体は細胞の集まりであるため，個体全体ではこの等価回路を直列につなげたものとなる．しかし，実際に測定できるのは，個体としての静電容量と抵抗の値である．そのため個体の等価回路は図3.3（b）のようにコンデンサーと抵抗器の並列回路となる．ここで，交流回路における電流の流れやすさである**アドミッタンス**Yを考える．アドミッタンスY_iは細胞内を通る変位電流のインピーダンスZ_iの逆数として求められるから，以下のようになる．

$$Z_i = \frac{1}{G_i} + \frac{1}{j\omega C_m} \quad (\omega：周波数)$$

$$Y_i = \frac{1}{Z_i} = \frac{1}{\dfrac{1}{G_i} + \dfrac{1}{j\omega C_m}} = \frac{1}{\dfrac{1}{G_i} + \dfrac{1}{j\omega C_m}} \frac{j\omega C_m}{j\omega C_m} = \frac{j\omega C_m}{\dfrac{j\omega C_m}{G_i} + 1}$$

$$= \frac{j\omega C_m}{1 + \dfrac{j\omega C_m}{G_i}} \frac{1 - \dfrac{j\omega C_m}{G_i}}{1 - \dfrac{j\omega C_m}{G_i}} = \frac{j\omega C_m + \dfrac{\omega^2 C_m^2}{G_i}}{1 + \dfrac{\omega^2 C_m^2}{G_i^2}}$$

ここで細胞外液を流れる導電電流の Y_o を加えると，全体のアドミッタンス量となる．

$$Y = Y_i + Y_o = \frac{j\omega C_m + \dfrac{\omega^2 C_m^2}{G_i}}{1 + \dfrac{\omega^2 C_m^2}{G_i^2}} + G_o$$

先にも述べたが，個体で測定されるのは G と C であり，実数部がコンダクタンスであり虚数部がキャパシタンスとなる．そのため，細胞単位で考えたアドミッタンスの実数部が G に，虚数部が C に対応する．

個体全体のアドミッタンス $= G + j\omega C$

$$G \iff G_o + \frac{\dfrac{\omega^2 C_m^2}{G_i}}{1 + \dfrac{\omega^2 C_m^2}{G_i^2}}, \quad C \iff \frac{C_m}{1 + \dfrac{\omega^2 C_m^2}{G_i^2}}$$

上記の結果は，G と C の値はともに周波数に依存し，周波数が $\omega = G_i/C_m$ の近辺で急激に変化することを示している．そのため分散現象が生じてしまう．また，現象的に述べれば，十分に低い周波数では電圧はすべて細胞膜にかかるために見かけ上の誘電率が高くなるが，周波数が高くなると細胞膜は電気容量として短絡するために誘電率が下がるわけである．

α 分散は，数百 Hz 付近で生じ，イオンの集散の影響による分散である．イオンの移動が電場の変化に十分に追随できる場合には，細胞膜表面にイオンが

集積されるため大きな誘電率となる。しかし周波数が高くなると，イオンは振動するだけで十分な集積ができなくなるために生じる分散現象である。誘電体に電界を印加したときに生じる分散現象と同じ理由であるが，水中でのイオンの動きが遅いために，数百 Hz 程度で生じてしまう。

γ 分散は，20 GHz 付近で生じ，水自体の性質による分散である。水は双極子分子であることを述べたが，周波数が非常に高い領域では電界の変化に水分子の動きが追随できなくなってしまうために生じる分散現象である。以上の三つの分散現象を**表3.3**にまとめた。

表3.3 生体組織電気定数の分散現象

	周波数	原因
α 分散	数百 Hz	イオンの集積
β 分散	数十 kHz ～数十 MHz 筋肉：数十～ 200 kHz 皮膚：数百 kHz 血液：2 ～ 5 MHz	細胞レベルの不均一構造
γ 分散	20 GHz 付近	水の特性

各組織の電気定数を**表3.4**に示したが，以下のように三つに分類できる。

① 細胞相互の結合が密で，細胞内外液が少ない。… 皮膚組織，結合組織
　　　　　　　　　　　　　　　　　　　　　　　　　　　　　(，骨)
② 細胞相互の連絡がなく，細胞外液が多い。……… 血液
③ 細胞内外液が中程度。………………………………… 一般の大部分の組織

表3.4 各周波数における生体組織の導電率と比誘電率 [1]

特性	組織	周波数			
		100 Hz	10 kHz	10 MHz	10 GHz
導電率 σ 〔mS/cm〕	骨格筋	1.1	1.3	5	10
	脂肪	0.1	0.3	0.5	1
	肝臓	1.2	1.5	4	10
	血液	5.0	5.0	20	20
比誘電率 ε_0	骨格筋	10^6	6×10^4	100	50
	脂肪	10^5	2×10^4	40	6
	肝臓	10^6	6×10^4	200	50
	血液	10^6	1×10^4	100	50

3.2 能動的特性

能動的特性とは，生体がつくり出している電気的活動を意味している。神経や筋などが興奮や収縮を起こす場合に発生する電気的活動である。その電気的活動が生じる理由は，そもそも細胞膜には電位が生じていることであり，刺激によりその電位が変化することによる。前者の電位を**静止電位**，後者の電位を**活動電位**と呼ぶ。では，なぜ静止電位が生じているのであろうか。その理由について最初に解説する。

3.2.1 静止電位

2章において，細胞内液と細胞外液では陽イオンが異なっており，細胞外液はNa^+イオン，細胞内液はK^+イオンが多いことを述べた。また，細胞膜はこれらのイオンを透過させず，イオンの流入は細胞膜に組み込まれた**イオンチャネル**を通して行われることを述べた。ナトリウムやカリウムのイオンチャネルは通常閉じられた状態になっているが，実際には少しずつ漏れる。静止状態での漏れは，K^+イオンのほうがNa^+イオンより20倍ほど多い。その結果，K^+イオンが細胞外に流出して細胞内には負電荷が残されるため，**図3.4**に示したように細胞膜を介して電位が発生することになる。

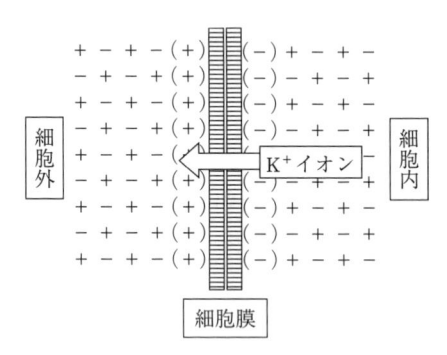

図3.4 細胞内から細胞外へのK^+イオンの流出による膜電位発生

K^+イオンの流出が進めば発生する電位が大きくなるが，一方，K^+イオンはその電場により反発されるから，一定の状態が保たれることになる。つまり，濃度勾配による流失させる力と，電位による引きとめる力がつり合った時点でK^+の正味

の流出は停止し，**平衡状態**が生じることになる。その平衡状態の電位を膜の**静止電位**と呼んでいる。その平衡電位 V はネルンストの式と呼ばれる以下の式を用いて計算できる。動物細胞の静止電位は，細胞の種類によって異なるが，$-20 \sim -200\,\mathrm{mV}$ である。

$$V = \frac{RT}{zF} \ln \frac{[\mathrm{K}^+]_o}{[\mathrm{K}^+]_i}$$

V：平衡電位〔V〕

$[\mathrm{K}^+]_o$, $[\mathrm{K}^+]_i$：細胞の外部と内部の K^+ 濃度

R：気体定数（$8.31\,\mathrm{J/mol/K}$），　T：絶対温度〔K〕

F：ファラデー定数（$1\,\mathrm{mol}$ 当りの電荷：$96\,500\,\mathrm{C/mol}$）

z：イオン価数（電荷数）

詳細な説明は省略するが，ネルンストの式は，イオンの濃度勾配によって生じる自由エネルギー変化量と電位差が V の膜をイオンが透過する場合の自由エネルギー変化量が等しいとして導き出された式である。

3.2.2 活 動 電 位

神経細胞などが刺激されてナトリウムチャネルが開くと，細胞外から細胞内へ Na^+ イオンが流入し，それに伴って膜電位が変化する。この膜電位変化を**活動電位**と呼んでいる。その電位の時間経過を**図 3.5** に示した。

ナトリウムチャネルは Na^+ だけを通すチャネルであり，その開放により細胞外から細胞内へ Na^+ イオンが流入する。その結果，膜電位はプラス方向へ変化し，電位が 0 と

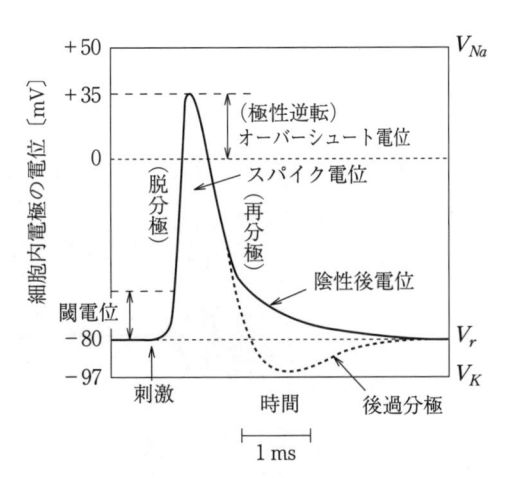

図 3.5　活動電位の時間経過[2]

なった状態を**脱分極**と呼んでいる。膜電位が0になってもNa$^+$イオンの流入が続くため，膜電位がプラスに転じた状態となる。この状態を**過分極**と呼んでいる。その段階でナトリウムチャネルが閉じられるとともに，ナトリウムポンプが働き始め，元の状態に戻る。膜電位の変化は，K$^+$イオンだけでなくNa$^+$イオンやCl$^-$イオンを考慮して拡張した以下のゴールドマンの式によって，より正確に求めることができる。

$$V_m = \frac{RT}{F} \ln \frac{P_K[\mathrm{K}^+]_o + P_{Na}[\mathrm{Na}^+]_o + P_{Cl}[\mathrm{Cl}^-]_i}{P_K[\mathrm{K}^+]_i + P_{Na}[\mathrm{Na}^+]_i + P_{Cl}[\mathrm{Cl}^-]_o}$$

ここで [ ] はイオン濃度を示し，添え字の i は細胞内を，o は細胞外を表している。塩素は陰イオンであるため，細胞外濃度が分母に置かれる。P は各イオンの**膜透過係数**であり，値の関係は以下のとおりである。

静止状態： $P_K : P_{Na} : P_{Cl}$ ＝ 1：0.04：0.2
興奮状態： $P_K : P_{Na} : P_{Cl}$ ＝ 1：20：0.23

静止状態と活動電位になる興奮状態ではK$^+$とNa$^+$の透過性が大きく異なり，Na$^+$の透過性は約500倍に増大する。神経細胞では，このような一過性の膜電位変化によって，情報を伝えている。

3.2.3 神 経 細 胞

神経組織は，多細胞生物において最も迅速な情報伝達機構として形成された組織である。その基本単位は神経細胞（ニューロン）であり，**図3.6**に示したように**細胞体**と**軸索**から構成されている。このように長い突起を持つのは神

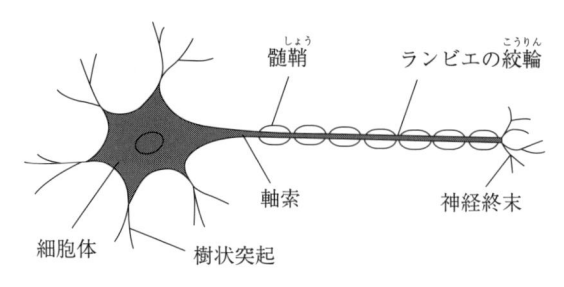

図3.6 神経細胞（ニューロン）の形態[3]

経細胞特有の形態的特徴である．細胞体には**樹状突起**があり，他の神経細胞へ興奮を伝える役割を担っている．軸索は離れた神経細胞や筋細胞などに興奮を伝える役割を担っている．図には，一般的な形態を示したが，神経細胞には多くの種類がある．軸索が2本に分かれてそれぞれ別の方向にいくもの，細胞体から何本もの軸索が出ているもの，樹状突起が非常によく発達したものなどいろいろである．

　神経細胞には，その軸索が**髄鞘**に覆われている**有髄神経**と，髄鞘に覆われていない**無髄神経**がある．ヒトなどの神経細胞は有髄神経である．髄鞘は脂質を主成分とし，電気抵抗が高く軸索を周囲から絶縁している．また，髄鞘は厚い被覆であるため電気容量も少ない．有髄神経の軸索は，その全体が髄鞘に覆われているのではなく，一定の間隔で髄鞘の存在しない切れ目がある．この切れ目は**ランビエの絞輪**と呼ばれている．ランビエの絞輪部位にはナトリウムチャネルが多く集まっている．神経細胞における興奮の伝達は，Na^+イオンを用いて以下のように行われている．

　　　細胞体の刺激によるナトリウムチャネル開
　　　　　　　↓
　　　Na^+イオンの流入・拡散
　　　　　　　↓
　　　ランビエ絞輪部位
　　　　　　⎧ 膜電位変化
　　　　　　⎨ ナトリウムチャネル開
　　　　　　⎩ Na^+イオンの流入・拡散
　　　　　　　↓
　　　軸索末端にある神経終末部位の膜電位変化

　ランビエ絞輪部位において新たなNa^+イオンの流入を行うことによって，その伝達を迅速にすることができる．有髄神経の伝導については，いわば興奮が飛び飛びに生じていることより**跳躍伝導**と呼ばれている．なお，ランビエ

絞輪で流入したNa^+イオンは逆方向にも拡散するが，ナトリウムチャネルが応答した直後は開くことができない不応期となっており，Na^+イオンの流入・増幅が一方向に進行する。

神経細胞から神経細胞へ情報を伝える過程を**興奮の伝達**という。その伝達部位，すなわち神経終末と他の神経細胞を接合する部位は**シナプス**と呼ばれる（図3.7参照）。ヒトの脳はおよそ1 000億個の神経細胞から構成され，それぞれのニューロンが数十～数百のシナプスを形成しているといわれている。では，興奮の伝達はどのように行われるのだろうか。実は，神経終末に届いた活動電位はつぎの神経細胞に直接伝えられることはなく，活動電位により脱分極した神経終末から放出される化学伝達物質を介し液性を通して情報が伝達されている。

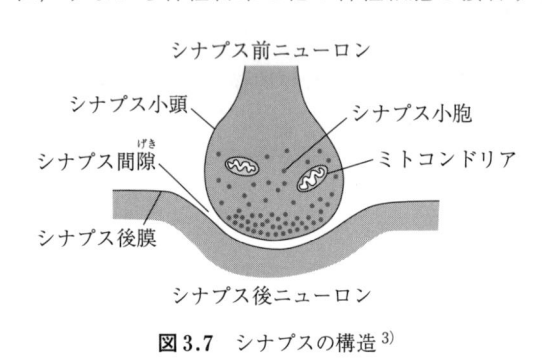

図3.7 シナプスの構造[3]

情報を伝えるほうの細胞をシナプス前ニューロン，伝えられるほうの細胞をシナプス後ニューロンという。化学伝達物質は**神経伝達物質**と呼ばれて多くの物質が知られているが，以下のように三つに分類できる。

　　Ⅰ型：　アミノ酸…グルタミン酸，γ—アミノ酪酸（GABA）など
　　Ⅱ型：　アセチルコリン，カテコールアミン（ドーパミン，アドレナリンなど）
　　Ⅲ型：　神経ペプチド（現在，50種類以上が同定されている。）

神経伝達物質による伝達を行う化学シナプスがおもなシナプスであるが，細胞間に**ギャップ結合**という構造体を構成してナトリウムイオンを伝搬する電気シナプスも存在する。網膜の神経細胞などで見られ，高速な伝達が可能となっている。

神経から筋細胞への伝達機構は，5章で述べるが，その刺激により筋細胞へ

の Na^+ イオン流入が生じ，筋活動電位が発生する。心電図や筋電図は，その活動電位を測定している。

3.2.4 生体の磁気

電流があれば磁気が発生することはいうまでもない。神経伝達や筋活動に伴うイオンの流れによっても磁気が発生する。その磁気の大きさを**表3.5**にまとめた。非常に微弱な磁気強度であるが，超伝導量子干渉素子（Superconducting Quantum Interference Device，SQUID）の進歩によって，非常に感度の高い磁束計が開発され，脳磁図や心磁図など生体が発生する磁気の計測が可能となった。

表3.5 生体から発生する磁気の強さ

発生部位	磁場強度〔T〕(テスラ)
筋組織	
心臓収縮	$10^{-11} \sim 10^{-10}$
眼球運動	$10^{-11} \sim 10^{-10}$
腕運動	$10^{-12} \sim 10^{-11}$
神経組織	
脳	$10^{-13} \sim 10^{-12}$

参考データ
　SQUID 磁束計の感度： 最大 10^{-15} T 程度
　酸化鉄粉塵肺による磁界： $10^{-9} \sim 10^{-8}$ T
　地球の磁界： $10^{-5} \sim 10^{-4}$ T
　都市の磁気雑音： $10^{-7} \sim 10^{-6}$ T

3.3 電流の生体作用

生体に電流が加わる場合として，事故の場合と意図的な場合がある。事故はいわゆる感電であり，生体物性分野では**電撃**と呼ぶ。意図的な場合は医療行為であり，表1.1にまとめた。生体に電流を通した場合，細胞レベルではつぎの二つの生体作用が生じる。

- 神経や筋肉など興奮性細胞の興奮
- ジュール熱効果による熱傷害

3.3.1 電　　　撃

電撃の生体作用は，電流量，周波数によって異なり，また，皮膚を介した通

電か電気メスのように体内組織に直接通電されるかによっても異なっている。前者は**マクロショック**と呼び，後者は**ミクロショック**と呼ぶ。商用交流（50 Hzまたは60 Hz）によって電撃された場合の生体作用を**表3.6**にまとめた。

表3.6 人体の電撃反応

電撃の種類	電流値〔mA〕	生体作用
マクロショック	1	ピリピリ感じ始める（最小感知電流）。
	10	手が離せなくなる（離脱限界電流）。
	100	心室細動が発生する（心室細動電流）。
ミクロショック	0.1	心室細動が発生する（心室細動電流）。

（注） 商用交流を1秒間通電。

皮膚を介したマクロショックでは，1 mAで感電する。これを**最小感知電流**と呼ぶ。10～20 mA流れると，筋肉が勝手に収縮し電源を握った手を離せなくなるため，**離脱限界電流**と呼んでいる。この電流量により神経や筋肉の興奮が生じてしまったことによる。皮膚の電気抵抗は，その乾燥度によって大きく変化する。濡れた状態では離脱限界電流を超えることもあり，濡れた状態での感電は非常に危険である。

電撃で最も恐ろしいのは心臓が停止する**心室細動**であり，100 mA程度以上の電流が加わると生じてしまう。心室細動とは，おのおのの心筋細胞が勝手に動き始め，全体としての収縮ができなくなってしまう状態である。心臓は自らつくり出している電気刺激によって心臓の心筋細胞が連動して収縮するようになっているが，外部からの電気刺激によって心筋細胞の興奮が生じてしまい，その規律が乱れてばらばらに収縮運動を起こすようになってしまった状態である。ミクロショックでは0.1 mA程度の電流により心室細動が生じてしまう。これは抵抗の大きな皮膚を介しない通電によるためである。

通電によって神経細胞や筋細胞はなぜ興奮してしまうのであろうか。その理由は，細胞膜にある一定以上の電圧が加わると，3.2.3項で述べたようにナトリウムチャネルが開いてしまうためである。その一定電圧を**閾値**と呼んでいる。

3.3.2 電撃の周波数特性

電気メスを考えてみると，ジュール熱により血液を凝固させて出血を防ぐことが可能であり，それが大きな利点である．凝固に十分なジュール熱を発生させるためには大きな電流が必要である．また，電気メスは体内組織に直接触れるため，ミクロショックを引き起こす状態で使用される．なぜ心室細動が起こらないのであろうか．それは高い周波数の電流を用いているからである．電撃の生体作用は，**図3.8**に示すように周波数に依存し，商用交流の周波数付近で最も大きな影響が生じ，周波数が高くなるとその閾値が上昇して心室細動を起こしにくくなることがわかる．では，周波数が高くなるとなぜ心室細動を起こしにくくなるか，その理由を考えよう．

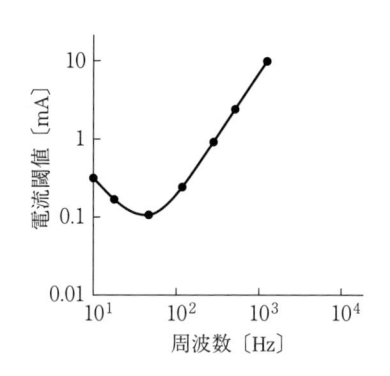

図3.8 心室細動を引き起こす電流閾値の周波数依存性[4]

神経細胞などの細胞膜の興奮は，膜に加わった電圧が閾値以上になった場合に発生する．細胞膜をコンデンサーと考えることができることを3.1節で述べたが，その電気容量を C，周波数を ω，電流を I とすると，膜に加わる電圧はつぎのようになる．

$$膜に加わる電圧 = \frac{1}{\omega C} I$$

すなわち，膜に加わる電圧は周波数に反比例することになり，細胞膜に閾値以上の電圧を誘起させるために必要な交流電流は周波数に比例して大きくなるわけである．そのため電気メスでは，数百 kHz ～数 MHz の周波数を用いることにより，電圧 2～3 kV の印加により 100 mA 程度の電流を流すことが可能になっている．

受動的電気特性では周波数が高くなるほど電流が流れやすくなることを述べたが，その現象は変位電流が増すためであることをしっかり認識することが必

要である。受動的特性は電流値が皮膚を介して 1 mA 以下の場合であり，細胞の興奮をもたらさない条件である。すなわち，受動的特性を考える条件下では，Na^+ イオンは細胞膜内に流入しない。

高周波電流（数 MHz 以上）となると，電撃作用ではなく熱効果がおもな作用となって生体に影響を与える。電磁波の伝搬としてとらえるべき周波数となると，電磁波の波長と生体のサイズにより組織・器官の吸収が異なり，また，表皮効果も現れてしまう。これらの現象については，3.4 節の電磁界の生体作用において述べる。

3.3.3 機能的電気刺激

機能的電気刺激では，興奮性細胞に閾値以上の電流を加えればよい。直流を用いた場合，電極の電気分解によって電極の劣化や金属イオンの溶出などが起こるため，長時間の刺激には適していない。一般には，**パルス電流**が用いられている。刺激効果はパルス幅，パルス振幅（強度）とパルス頻度に依存する。方形波の電流刺激において，そのパルス幅を変えて興奮の起こる最小振幅を測定すると，**図 3.9**（a）のような双曲線に近い「強さ（パルス振幅）－時間（パルス幅）曲線」が得られる。

今，電流を i，パルス幅を t として

$$i = a + \frac{b}{t}$$

と近似する。a は閾値を超えるために必要な最小電流であり，**レオベース（基電流）** と呼ばれる値である。電極間抵抗 R を一定とすれば，通電のエネルギー

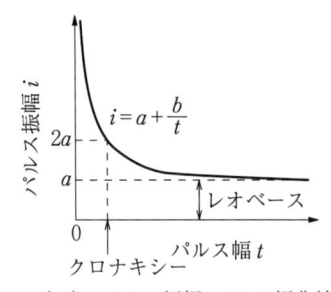

(a) パルス振幅-パルス幅曲線

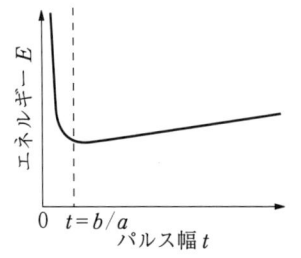

(b) エネルギー-パルス幅曲線

図 3.9 閾値を超える最小パルス幅とパルス振幅の関係[5]

E は

$$E = (Ri) \cdot i \cdot t = R \left(a + \frac{b}{t} \right)^2 t$$

となり，パルス幅との関係は図3.9（b）となる。エネルギー E が最小となるのは，パルス幅が $t = b/a$ のときであり，レオベース a の2倍となるパルス幅となる。レオベースの2倍の電流を流したときの興奮に至る最短通電時間は**クロナキシー**といい，図で示されているように，クロナキシーのときに最も効果的に興奮させることができる。したがって，電気刺激のパルス幅は通常はクロナキシー付近に設定することが多い。

3.4 電磁界の生体作用

前節では直接通電における生体作用を述べたが，本節では電磁界環境が及ぼす生体作用について述べる。MRIなど電磁界を用いる高度な医療機器や携帯電話において重要なテーマである。

3.4.1 静　電　界

生体はすでに述べてきたように良好な導電体である。静電界が加えられた場合，生体内ではほぼ等電位と考えることができ，生体内で電界が生じることはない。そのため，静電界による生体作用は生じないと考えられている。ただし，強い静電界のもとでは毛髪の逆立ちやコロナ放電による電気刺激が起こる。

3.4.2 静　磁　界

静磁界の作用対象は，**常磁性物質**，**異方性反磁性体**，**イオン流**に限られている。すでに述べたが，生体の構成物質には磁性を有する物質が存在する。赤血球に含まれるヘモグロビン，2価の鉄，酸素分子などである。静磁界による赤血球分離などの試みは行われているが，十分な成果は得られていない。異方性反磁性体とは，磁場下で誘起される磁気モーメントが異方性を持つ反磁性分子

であり，タンパク質などの高分子が相当する。低分子量分子はその分子運動により磁気モーメントが平均化されるのに対し，高分子は平均化が起こりづらいために磁場に対して配向する。血液凝固反応で生じるフィブリンの構造において磁場効果が現れることなどが知られている。イオン流に対する静磁場効果は，いわゆるローレンツの作用力である。静磁界の作用対象は以上の三つであるが，実際の作用を起こすためには数テスラ以上という大きな磁場強度が必要である。また，細胞機能への影響などは，十分に信頼できる報告はない。

MRIでは大きな静磁界を生体に加えている。水素などの原子は磁気モーメントを有し，静磁界が加わるとその磁界に配向する。しかし，原子のような小さな世界ではすべての状態は量子化されており，その磁気モーメントの配向もいくつかの異なったエネルギー状態に分布する。そのエネルギー間に相当する電磁波を送ると，電磁波の吸収現象が生じる。その原理を利用したのがMRIであり，ラジオ波（RF波）領域の電磁波が用いられている。なお，量子化やエネルギー間の電磁波吸収については，8章の光特性において詳しく述べる。

3.4.3 超低周波電磁界

超低周波電磁界とは周波数が30 Hzから300 Hzの周波数帯の電磁界である。英語でELF（extremely low frequency）電磁波と呼ばれることも多い。また，電波の名称では極極超長波と呼ばれる周波数帯の電磁波である。この周波数では，変動磁場が生体に加わるため，**誘導電流（渦電流）**による電気刺激と熱による作用を生体に起こすことができる。渦電流は体内で誘起されるわけであり，細胞への直接的電気刺激となる。そのため，mT（ミリテスラ）程度の低い磁場強度によってもいろいろな生体作用を引き起こす。その作用は，おもに電気刺激によるものと考えられているが，磁場による効果や熱作用と分けることが困難であり，その作用機序はいろいろと議論されている。

世界的に関心が高いのは，送電線の安全性である。「送電線付近の住人に小児性白血病の発症率が高い」という疫学調査研究の報告が出されて以来，いろいろな研究が行われているが，今もって結論は出ていない。

3.4.4 低周波・中周波・高周波電磁界

交流電磁界と電磁波を区別する厳密な定義はないが，電磁波の周波数帯分類に基づき，300 Hz から 300 MHz の周波数を持つ電磁界を対象とする。その生体への作用は熱作用と考えられている。300 Hz 以上の変動磁場では生体内において渦電流を生じさせることができないからである。3.1 節の受動的電気特性において述べたように，数百 Hz で α 分散が生じた。これはイオンの動きが電場の変動に追随できないためであった。変動磁場による誘導電流の場合も同様であり，イオンは変動磁場に対して追随できず，振動運動を行うことになる。その振動により水分子の運動が促されるため，熱作用が発生する。また交流電場に対しては，誘電損失によってそのエネルギーが熱として吸収される。特に誘電率が高い水は，誘電損失が大きい。

さらに，電磁波の波長がヒトの全長や部分サイズに近い値となると，いわばアンテナとしてのメカニズムが働き，吸収が高まることが知られている。アンテナは，その電磁波と電気的に共振したときに，最も効率的にエネルギーを受ける。その共振は，アンテナの長さが電磁波の波長の 0.5 倍，1 倍，1.5 倍，2 倍などの特定の長さであるときに起こる。数十 MHz での全身共振，300 ～ 400 MHz で頭部などの部分共振，次項の周波数帯である 400 ～ 2 000 MHz で眼球共振などが生じる。局所的な温度上昇となるため，**ホットスポット**と呼ばれている。

熱作用は当然ながら電磁波のエネルギーに依存する。強力なラジオ波領域の電磁波は，癌の治療である**温熱療法**に用いられている。十分に小さなエネルギーであれば，熱作用は生じない。MRI では，10 ～ 60 MHz の電磁波が安全に用いられている。

生体による電磁波のエネルギー吸収量は **SAR**（specific adsorption rate）として定義されている。生体組織の導電率 σ，密度 ρ，生体内電界強度を E として，次式で表される。

$$SAR = \sigma \frac{E^2}{\rho} \quad [\mathrm{W/kg}]$$

現在，世界的には安全閾値を 1 ～ 4W/kg と考え，その 1/10 である 0.4W/kg

を全身平均 SAR の安全基準としている．

3.4.5 超高周波電磁界

周波数 300 MHz 以上の超高周波電磁界では，同様に生体に熱作用を与える．非熱的作用も議論されているが，定量的な解明はまだ不十分である．周波数が高くなるに従い，吸収と**表皮効果**のために**透過深度**は**図 3.10** に示すようになる．一般に含水率の低い骨や脂肪のほうが，含水率の高い組織より深く浸透する．癌の温熱療法で用いる電磁波の場合，430 MHz では体表から 4 cm 程度の深さまで目的温度である 43 ℃へ加温ができるが，2 450 MHz では約 2 cm となる．なお，表皮効果とは，高周波電流または高周波電磁波が導体の表層面に局限されて内部に入らない現象を指す．その理由は，変動電流によって生じる磁界密度は中心部ほど大きいためである．つまり，中心部ほど逆起電力が大きく，電流が打ち消されるために生じる現象である．導体の場合，表面電流の $1/e$ になる深さ d は，導体の抵抗率を ρ，電流の周波数を ω，導体の透磁率を μ として以下の式で表される．

$$d = \left(\frac{2\rho}{\omega\mu}\right)^{\frac{1}{2}}$$

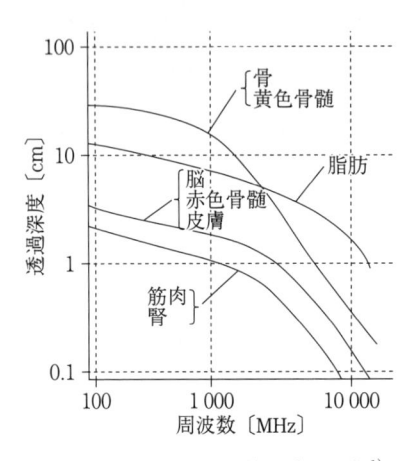

図 3.10 電磁波の周波数と透過深度 [1]

振動数が高くなると誘電損失による吸収だけではなく，分子の回転運動に対する特定の吸収も起こる．この吸収については 8 章で述べる．

4. 生体の音響特性

　超音波を用いた診断は医療の場で広く用いられている。超音波を生体にあてることによって画像化が可能となるのは，超音波に関する特性が生体組織によって異なっているからである。重要な特性値は，音速，音響インピーダンス，減衰係数である。本章では，これらの特性値の意味と各生体組織における違いを学ぶ。また，超音波は結石破壊の手段や癌の温熱治療などの治療手法としても用いられている。その原理と安全性についても学ぶ。

4.1 音と超音波

　音とは正常な聴力を持つ人に聴覚を生じさせる周波数範囲の音波である。超音波は，人の可聴範囲以上の周波数の音波であり，その周波数は 20 kHz 以上である。音波は波動としてエネルギーを伝搬することにおいては，電磁波と同じである。その共通点と相違点を表 4.1 にまとめた。共通点は波動に関する性質であり，音波は波長，振幅，振動数で表すことができる。相違点は，音波は**弾性波**であり，**振動媒体**が必要なことである。電磁波は電磁界の振動波であり，真空中においても伝搬できるが，音波は真空中では伝搬できない。また，音波の速度は電磁波に比べて遅いため，同じ周波数でその波長が非常に短くなる。周波数 1 MHz において電磁波の波長が 300 m であるのに対し，超音波で

表 4.1 音波と電磁波の共通点と相違点

共通点	波長，振幅，振動数，反射係数，ドップラー効果など
相違点	音波： 振動媒体を必要とする音響振動 電磁波： 電磁界振動

は空気中において 0.34 mm となる。そのため，超音波は拡散しづらく直進性が高い。この性質を**指向性**と呼ぶ。超音波をパルス状に放射することにより，時間的にも空間的にも分解能が高い手法となり，距離計やソナーなどに用いられている。また，媒体を振動させることにより熱を発生することが可能であり，加工機や溶接機など一般に広く用いられている。医療の場においても表 1.1 に示したように，いろいろな用途に用いられている。

音波は，振動媒体が気体，液体，固体のうちどれであるかによって，その伝搬様式が異なる（**表 4.2**）。

表 4.2 振動媒体による音波の伝搬様式

振動媒体	伝搬様式
気体	縦波（疎密波）
液体	縦波（疎密波）
固体	縦波（疎密波） 横波 表面波

音波はすでに述べたように弾性波である。弾性波は，媒体を構成する要素の変形と回復によって伝搬される。物質の変形，すなわち力学的性質の基本事項については次章で詳しく述べる。ここでは，簡単に音波の伝搬について解説する。例えば空気であれば窒素分子や酸素分子であり，水であれば水分子，骨であれば構成成分である Ca^{2+} イオンやリン酸イオンとなるが，これらの構成要素の間隔が広がったり縮んだりすることにより伝搬する。気体や液体では，進行方向に垂直な方向つまり横方向に変形させられる力が加わった場合，その方向に酸素や水分子が流れてしまい復元することができない。縦方向の力が加わった場合は，**図 4.1** に示したように圧縮と膨張を繰り返す形の**縦波**が生じ，伝搬することができる。そのため，音波は気体と液体では縦波として進む。一方，固体では，横方向に力が加わっても構成要素が流れることがないために**横波**としても伝搬する。さらに，物質の表面を伝搬する**表面波**という形もある。詳細には述べないが，表面は内部とは異なった力関係すなわち表面張力が働くため，異なった伝搬となる。生体は，骨などの硬組織を除き，音に対して液体であるとして考えればよいため，本書では縦方向の伝搬だけを考える。生体の超音波特性を考える場合，生体組織における**音速**，**音響インピーダンス**，**減衰定数**が重要であり，各組織の特性値を**表 4.3** にまとめ

$t = t_1$

↓ Δt 後

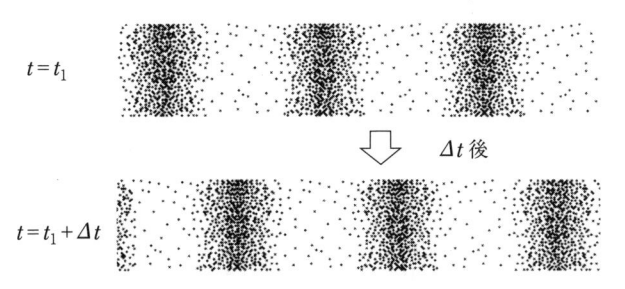

$t = t_1 + \Delta t$

図 4.1 縦波による音波の伝搬

表 4.3 生体組織の超音波特性 [1]

	音速 $[\times 10^3 \text{ m/s}]$	音響インピーダンス $[\times 10^6 \text{ kg/m}^2\text{/s}]$	減衰定数 $[\text{dB/cm/MHz}]$
血液	1.57	1.61	0.18
脳	1.54	1.58	0.85
脂肪	1.45	1.38	0.63
腎臓	1.56	1.62	1.0
肝臓	1.55	1.65	0.94
筋肉	1.58	1.70	$\begin{cases} 1.3 \text{（線維方向）} \\ 3.3 \text{（線維と垂直方向）} \end{cases}$
頭蓋骨	4.08	7.80	13
肺	0.7	0.26	20
水	1.48	1.48	0.002 2
空気	0.33	0.000 4	12
アルミニウム	6.4	17	0.02

（注）減衰定数は 1 MHz での値。

た。また，比較のために水，空気，アルミニウムの値も示した。

4.1.1 音　速

縦波が伝わる速さを考えてみよう。**図 4.2**（a）に示したように，断面積 S の管に気体や液体などの流体が入っていて，圧力 P がかかっているとする。今，図（b）のように左の端がわずかに Δx だけ変位したとする。また，この部分の圧力増加を ΔP とし，圧力増加部分が短い時間 t の間に $c = x/t$ の速さで x だけ伝搬したとする。そのとき，流体に作用する力は

$$S(P + \Delta P) - SP = S\Delta P$$

4. 生体の音響特性

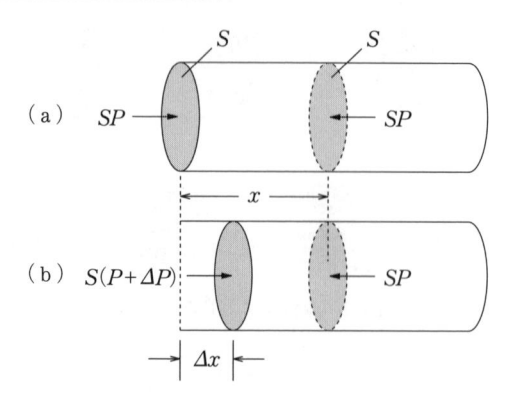

(a) 最初の状態, (b) 変位した状態
図4.2 縦波の伝搬[2)]

となる。ここで流体の密度を ρ とすると、変動部分 x の質量 m は

$$m = \rho S x$$

となる。左端の変位は Δx, 右側の変位は 0 であるから、x 部分の重心の変位は $\Delta x/2$ となる。もし、変動が時間 t の間に等加速度 a で進んだとすると、重心の変位は

$$\frac{\Delta x}{2} = \frac{1}{2} a t^2$$

と表される。また、ニュートンの運動の第2法則から 力 $= ma$ であるから、すべての式をまとめると

$$S \Delta P = \rho S x \frac{\Delta x}{(x/c)^2}$$

となる。速度と密度を左辺に移動し、右辺は圧力、断面積と変位をまとめると以下の式を得る。

$$\rho c^2 = \frac{\Delta P}{(S \Delta x)/(S x)}$$

ここで右辺の分母を見てみると、Sx は体積 V を意味し、$S \Delta x$ は体積変化 ΔV である。つまり、$(S \Delta x)/(S x)$ は単位体積当りの体積変化を意味している。分子は圧力変化である。圧力変化と単位体積当りの体積変化の比は、次章で述

べるが，**体積弾性率**と呼ばれる．体積弾性率 B は

$$B = -\frac{\Delta P}{\Delta V/V}$$

と表される．ゆえに，この流体内を波が伝わる速さは

$$c = \left(\frac{B}{\rho}\right)^{\frac{1}{2}}$$

となる．すなわち，音速 c は媒質の体積弾性率と密度の比の平方根の値となる．体積弾性率が大きいことは変形しにくいことを意味し，体積弾性率が大きな媒質を通るほうが音速は大きくなる．水の密度は空気の密度のおよそ1000倍である．もし，音速が密度だけで決まるならば，上式より，水中の音速は空気中の音速に比べてはるかに小さくなるであろう．しかし表4.3に示したように，実際は水中のほうが空気中よりも5倍ほど速い．これは水の体積弾性率が空気よりも非常に大きいからである．水を圧縮することを想定してみると，空気に比べて非常に圧縮しづらいことが思い出されるかと思う．

表4.3にまとめた各生体組織の音速を見てみよう．水を多く含む血液，脳，筋肉では水の値とほぼ同程度である．脂肪組織では少し遅いが，同程度といえる．一方，空気が多い肺および固体と考えたほうがよい骨では，まったく異なった音速である．肺は空気の音速に近く，骨はアルミニウムほどではないが組織中では最も音速が大きくなる．

4.1.2　音響インピーダンス

インピーダンスは「じゃまをすること」という意味である．電気インピーダンスは交流電流に抵抗する尺度であった．音響インピーダンスも同じであり，音が伝搬することに抵抗する尺度であり，Z で表すことが一般的である．その基本式は以下のようになる．

　　　音圧　＝　音響インピーダンス　×　粒子速度

音圧は振動を起こさせる圧力である．その圧力によって媒質の粒子が移動して，その変位速度は音圧に比例し，音響インピーダンスに反比例するという式

である。この式は，「電流は電圧に比例しインピーダンスに反比例する」という電気の場合と同じ考え方に基づいている。ただし，音における粒子速度は，前項で述べた音速ではない。媒質を構成している粒子の変位速度である。その変位によって疎密波が生じたが，その疎密波の伝搬速度が音速である。音響インピーダンスを導き出すことは，少し難しい数学が必要であるため本書では割愛する。結果のみを示すと，媒質の密度を ρ，音速を c として次式のようになる。ロー・シーと覚えるとよい。

$$Z = \rho c$$

音響インピーダンスは，音の**反射**，**透過**，**散乱**にかかわる因子であり，超音波診断などにおいて非常に重要である。音響インピーダンスが異なる境界では反射が生じてしまう。電気の伝送においてインピーダンス整合が重要であるが，基本的には同じ現象と考えてよい。表4.3を見てみると，肺と骨を除いて水の値とほぼ近いが，各組織の音響インピーダンスはわずかに異なっている。このわずかな違いによって生じた反射波を受けて画像化するのが**超音波画像診断**である。肺や骨の場合には，その音響インピーダンスは他の組織と大きく異なっており，すべて反射されてしまう。その結果，超音波はその内部には到達することはできず，肺，気管と骨では超音波診断はできない。超音波診断において測定端子の表面にゼリー状のものを塗布するが，測定端子と皮膚の音響インピーダンスの差違を減らし，体内へ超音波を入りやすくするために行っている。

超音波の反射の度合いは反射係数 S と呼ばれ，界面を形成する二つの物質の固有音響インピーダンス Z_1，Z_2 から次式で求めることができる。

$$S = \frac{Z_1 - Z_2}{Z_1 + Z_2}$$

4.1.3 超音波の減衰

体内に加えられた音波は，生体組織を伝わっているうちにエネルギーを失い，しだいに減衰する。エネルギー損失の原因は，音波の**拡散**や**散乱**により広

がったり，振動エネルギーが**熱**となって吸収されたりするためである。その減衰は，振幅を A，体表面からの深さを x，体表面（$x = 0$）での振幅を A_0 とすると，音の強さつまり振幅の減衰として以下の式で示される。

$$A = A_0 e^{-\alpha x}$$

α は**減衰定数**と呼ばれ，各組織の値は表 4.3 のとおりである。減衰定数は，1 MHz 当り 1 cm 進むごとに減衰する割合を意味している。超音波の減衰は一般に周波数にも依存し，水などの減衰定数は周波数の 2 乗に比例して増加する。超音波の減衰は，粒子の動きにくさである粘性と関連している。周波数によって粘性が変化しない物質の場合，減衰定数は周波数の 2 乗に比例する。生体組織の場合，吸収，反射や散乱などが生じ，多くの生体組織では粘性率も周波数によって変化する。そのため，生体組織での減衰定数は周波数に関して 1 乗，すなわち周波数に比例することが知られている。

減衰についてまとめると以下のようになる。

- 水を多く含む組織の減衰定数は小さい。
- 音速の速い組織の減衰定数は大きい。
- 空気が多い肺では減衰定数が大きい。
- 組織の減衰定数： 肺＞頭蓋骨＞軟組織＞血液
- 水の減衰定数は周波数の 2 乗に比例して増加する。
- 多くの生体組織の減衰定数は周波数の 1 乗に比例して増加する。

4.2　超音波の医療応用

超音波の医療応用に用いられている周波数を**表 4.4** にまとめる。

温熱療法は，すでに述べたように電磁波を用いた加温が一般的である。使用電磁波は数 kHz から 2 450 MHz までであった。低い周波数では体内の深部まで透過できるが局所に集中することが困難であり，一方，高い周波数では加温部位を局在化できるが深部までは到達できないという欠点があった。これに対して，超音波加温では 0.5 ～ 5 MHz の周波数が利用されるが，この周波数帯

表 4.4 超音波の医療応用と使用周波数

応用分野		周波数
診断：超音波画像	一般的な場合	3.5～5 MHz
	部位・用途別	1～10 MHz
	皮膚・特殊部位	20～30 MHz
理学療法：温熱作用，マイクロマッサージ作用		1～3 MHz
温熱療法：ハイパーサーミア…癌治療（43℃）		0.5～5 MHz
体外衝撃波砕石術：尿路結石，胆嚢結石の破砕		
超音波メス：刃先の振動（キャビテーション） 軟組織破砕吸引術：白内障手術，脳腫瘍手術 歯石除去術		20～55 kHz

の超音波は電磁波に比べると体内透過性に優れ，さらに集束させやすいため局所加温に適している。欠点として，胃や肺といった空気が満たされている部位には透過できない。また，骨の表面が加温されやすく注意が必要である。

衝撃波は音の速さを超えて伝わる圧力の波である。ある媒体の限定された部分に瞬間的にエネルギーが蓄積されるとき，そのエネルギーに見合った高圧が発生する。その高圧が波動となり音の速さを超えて伝わり，衝撃波となる。超音速飛行機のように音速を超えて動く物体でも生じる。体外衝撃波破砕術は，衝撃波パルスを発生し，結石に焦点を合わせてその振動エネルギーで破砕する装置である。結石と人体組織の音響インピーダンスの違いのため，衝撃波によって生じる圧縮力と引張り力により結石は破砕する。泌尿器系結石や胆石の破砕に用いられている。衝撃波の発生には，水中高圧放電，圧電素子，電磁振動による方法のほか，微量の火薬を水中で爆発させる方法も用いられている。

超音波メスは，超音波手術器ともいい，ホーンと呼ばれる金属の円筒状のメス先を数十 kHz で前後方向に機械振動させ，その振動により組織を破砕し，同時に，破砕した組織片を吸引する装置である。白内障の手術で水晶体の破砕吸引に使用されたのが始まりであり，その後，脳外科での脳腫瘍の破砕吸引や一般外科においても用いられている。低めの振動数を用いた場合，生体組織の実質部分のみを選択的に破壊吸引し，血管や神経を温存することが可能である。高めの振動数（45～55 MHz）では，超音波振動の摩擦力で組織の切開

や，電気メスのように血液の凝固を行うことができる。また，超音波メスは，内視鏡的結石破壊術や歯石の除去などにも用いられている。

4.3 超音波の安全性

生体組織に吸収された超音波のエネルギーは，最終的に熱エネルギーとなり，生体組織の温度を上昇させる。超音波のエネルギーが $0.1\,\mathrm{W/cm^2}$ 以下では組織の温度上昇をもたらさないが，$1\sim5\,\mathrm{W/cm^2}$ で加熱作用となる。さらに $10\,\mathrm{W/cm^2}$ を超えると**キャビテーション**（液体中に真空に近い微小空洞が生じる現象）が起こり，組織の破壊が生じてしまう。強力な超音波を照射すると，液体中には超音波の周波数に同期して圧縮力と減圧力が発生する。そして，超音波の強さがあるレベルを超えると，液体中に微小空洞が生じてしまうわけである。その微小空洞が消滅するときに大きな衝撃波が発生する。その衝撃波は，超音波洗浄機における洗浄効果の原理ともなっているが，生体に照射した超音波によって生じた場合には組織の破壊をもたらしてしまう。そのため日本における超音波の出力基準について，連続波超音波を用いる場合の上限を $1\,\mathrm{W/cm^2}$ としている。パルス波超音波の場合の上限は $240\,\mathrm{mW/cm^2}$ である。

5. 生体の力学的特性

　生体は，筋肉の収縮・弛緩により運動し，筋肉や骨は荷重を受けている。心臓の拍動により血液の流れが生じ，弁は力を受けて開閉し，血管は血圧変動を繰り返し受けている。このように生体の器官や組織は大小の差はあれ，絶えず荷重を受けて変形を繰り返している。ある物体に荷重が加わった場合，その物体のとる挙動が力学的特性である。この章では，まず，生体の力学的特性を理解するために必要となる力学的パラメータを解説する。そのパラメータを基に，生体組織の力学的特性とその特徴を学ぶ。さらに，筋肉や骨の構造と力学的刺激との関連についても解説する。

5.1　力学的性質を表す用語

　物体に外力を加えると，その力に応じて変形が生じる。外力は**図 5.1**に示すように，物体に対する作用によって，**圧縮**，**引張り**，**せん断**の3種類の荷重

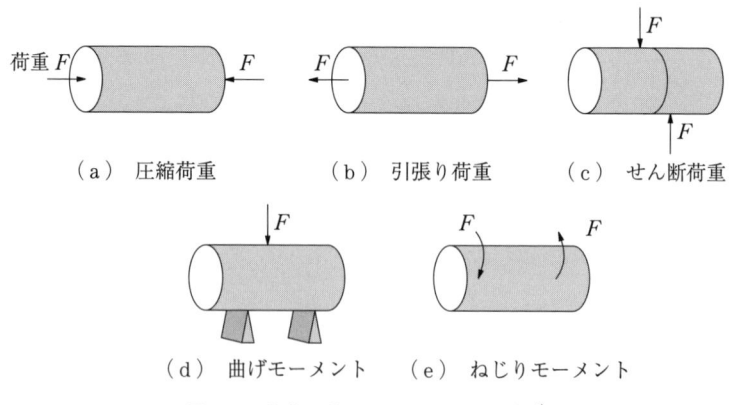

（a）圧縮荷重　　（b）引張り荷重　　（c）せん断荷重

（d）曲げモーメント　　（e）ねじりモーメント

図 5.1　物体に作用するいろいろな力[1]

と，曲げとねじりの2種類のモーメントに区別される。モーメントとは回転に働く力である。力が加わるとどのような変形が生じるのか，すなわち力学的性質を表す基本事項を以下に説明する。

5.1.1 応　　　力

外力を受けたときに，物体の内部では抵抗力が働く。この内力を単位面積当りの力で表したものを応力という。圧縮荷重と引張り荷重の場合は，その荷重方向に垂直な応力となるため**垂直応力**と呼ぶ。**図5.2**のように荷重を F〔N〕，断面積を A〔m²〕とすると，垂直応力 σ〔N/m²〕（=〔Pa〕）は次式で表される。

$$\sigma = \frac{F}{A}$$

せん断荷重の場合は，物体をずらす力であり，荷重方向に平行な力となる。応力と同様に単位面積当りのその力を**せん断応力**という。

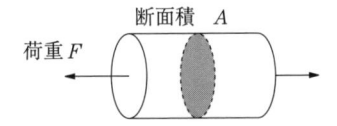

図5.2 引張り荷重による応力

5.1.2 ひ　ず　み

材料に力が加わると変形する。引張り荷重を加えたとき，その材料の長さが1 cm 伸びたとする。同じ1 cm でも1 cm の材料と10 cm の材料では，変形の度合いが異なる。そのため元の長さで割った値を考え，これをひずみという。**図5.3**（a）に示すように初期長を L，伸びを ΔL とすれば，ひずみ ε は

$$\varepsilon = \frac{\Delta L}{L}$$

となる。荷重方向と同じ方向のひずみを**縦ひずみ** ε_L，直角方向のひずみを**横ひずみ** ε_D とし，せん断応力に対しては図（b）のように**せん断ひずみ** γ を定義する。ひずみは分子，分母ともに長さの単位であるため，その単位は無次元となる。

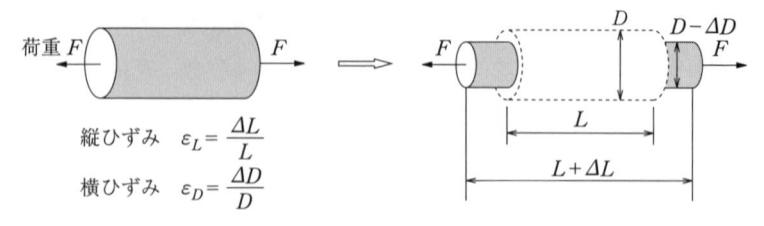

（a）縦ひずみと横ひずみ

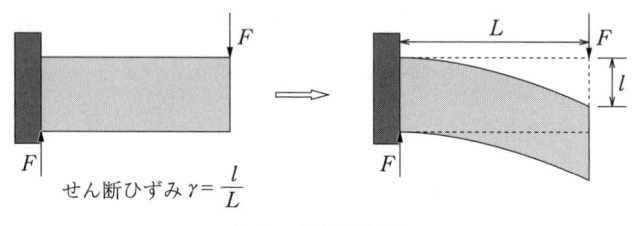

（b）せん断ひずみ

図5.3　荷重による材料変形とひずみの定義[2]

5.1.3　ポアソン比

材料を引っ張ったり圧縮したりすれば横方向の長さも変化する。縦ひずみ ε_L と横ひずみ ε_D の比をポアソン比 ν といい

$$\nu = -\frac{\varepsilon_D}{\varepsilon_L} = \left|\frac{\varepsilon_D}{\varepsilon_L}\right| = \left|\frac{\Delta D/D}{\Delta L/L}\right|$$

となる。引張りや圧縮の場合は，$\varepsilon_D/\varepsilon_L$ のどちらかがマイナスとなるため，その絶対値とする。金属などではその体積が増加し，ポアソン比は $0.25 \sim 0.35$ の範囲となる。その変形によって体積の変化がない材料は**非圧縮性材料**と呼ばれるが，そのポアソン比は 0.5 となる。

$$(D - \Delta D)^2 (L + \Delta L) = D^2 L$$

として，$(\Delta D)^2$ や $\Delta D \Delta L$ は十分に小さく省略できるとすれば，0.5 の値を得ることができる。ゴムや水が多い生体の軟組織は非圧縮性であり，そのポアソン比は 0.5 程度である。骨や歯のポアソン比は $0.1 \sim 0.3$ 程度と低く，荷重により体積変化を生ずる。

5.1.4 弾性率

物体に作用する応力がそれほど大きくなければ，外力が取り除かれたあとにひずみは消失する。材料のこのような性質を**弾性**という。外力が大きくなり，力を除いたあとにひずみが残る場合，その性質を**塑性**と呼ぶ。簡単にいえば，材料に力を加えて変形させ力を除いた場合に，元に戻る性質が弾性であり，元に戻らない性質が塑性である。

今，材料の引張り実験を考える。その応力とひずみの関係を示すと，**図5.4**のような関係が得られる材料が多い。これを**応力-ひずみ線図**と呼ぶ。

点Aまでは，ひずみは応力に比例して増加する。点Aはその最大限度を示す点で，**弾性限界**という。この範囲のひずみでは，力を除けば元に戻ることができる。応力とひずみは比例関係にあり，以下の式で表される。

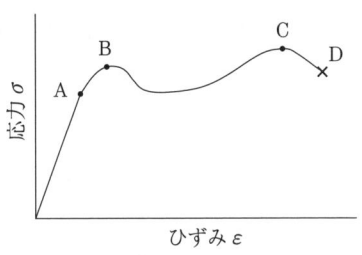

図5.4 応力-ひずみ線図

$$\sigma = E\varepsilon$$

この式における比例定数 E は**弾性率**（弾性定数，ヤング率，単位：N/m^2 = Pa）と呼ばれ，材料の力学的特性において重要な物性値である。弾性率が大きいほど変形しづらい材料である。なお，ひずみは**無次元量**であるため，弾性定数の単位は応力と同じ単位となる。

弾性定数は，引張りや圧縮における一方向の指標である。応力が加わったときの体積変化を考慮する場合には，体積に対する弾性率が以下のように定義されている。この値は**体積弾性率**と呼ばれ，4章で述べた超音波特性において重要な物性値である。

$$\text{体積弾性率} = \frac{\text{応力}}{\text{体積ひずみ}} = \frac{\Delta P}{\Delta V/V}$$

点Bは**降伏点**と呼ばれ，これ以降では応力が増加せずにひずみだけが増加する。降伏点後は塑性変形となる。点Cの応力が**極限強さ**，**最大強度**，**最大荷**

表 5.1 生体組織と人工材料の力学的特性値 [2]

組織	最大荷重 [N/m²]	最大変形 [%]	弾性率 [N/m²]
骨（圧縮）	1.5×10^8	2	8×10^9
腱（引張り）	8×10^7	8	1×10^9
動脈（横方向の引張り）	2×10^6	100	2×10^6
筋（引張り）	2×10^5	60	3×10^5
軟鉄	2×10^8	0.1	2×10^{11}
木材	1×10^8	5	1.5×10^{10}

重などと呼ばれる。破壊が生じる点Dは，**破断点**と呼ばれ，最大荷重よりも小さな場合が一般的である。生体組織の力学的特性値を**表 5.1**にまとめる。

ここで，弾性のことをもう少し考えよう。金属に力を加えた場合とゴムを引っ張った場合を考えてみると，両者の弾性には大きな違いがあることに気づく。金属では少し大きく変形すると曲がってしまうのに対し，ゴムはその長さの何倍に伸ばしても元に戻ることができる。この違いが生じる理由は，弾性が生じるメカニズムが異なっているためである。金属などの弾性は**エネルギー弾性**と呼ばれ，ゴムなどは**エントロピー弾性**と呼ばれる。

エネルギー弾性は，変位によりエネルギーが上昇し，力を除くことにより元のエネルギー状態に戻ることによって生じる。**図 5.5**に金属の構造とエネルギー図を示した。

金属は金属イオン群と電子群の電気的相互作用で形成されている。図 5.5 (a) の ○ で表される金属イオンは，最も低いエネルギー状態となる位置関係

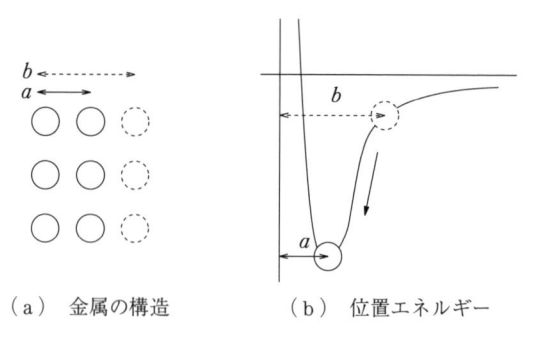

（a）金属の構造　　　（b）位置エネルギー

図 5.5 金属の構造と位置エネルギー

を保っている。その状態のイオン間距離がaである。図（b）は，二つの金属イオン間の距離と位置エネルギーの想定図である。金属が外力によって引き伸ばされると，金属イオン間の距離がbに広がることになり，**位置エネルギー**は上昇する。外力がなくなると，最も低いエネルギー状態に戻ることになる。その原動力がエネルギーであるため，エネルギー弾性と呼ばれる。金属間の距離が離れすぎると，元の状態に戻ることができない。エネルギー弾性体は，わずかなひずみで弾性限界を超えてしまうものが多い。

　つぎに，ゴムの場合を考えよう。ゴムの弾性体としての性質は，**セグメントの熱運動**と**適度な網目構造（架橋構造）**による。

　セグメントとは高分子鎖の部分的構造単位を意味している。ゴムは，外力がなければセグメントが熱運度によって複雑に折れ曲がり，縮まった状態にある。**図 5.6** に示したように，外力が加わると縮んだセグメントは伸ばされ，架橋構造によってそれ以上伸びなくなる状態まで伸長する。外力がなくなれば再び縮むことにより，元の状態に戻る。**エントロピー**は乱雑さの尺度であるが，縮まった状態はエントロピーが高く，伸びた状態は整列することによりエントロピーが低い。エネルギーは高い状態から低い状態に進むが，エントロピーは低い状態から高い状態へ進む。そのため外力で伸ばされたゴムは縮んだ状態に戻るわけである。その構造回帰はエントロピーが原動力であるため，エントロピー弾性と呼ばれている。

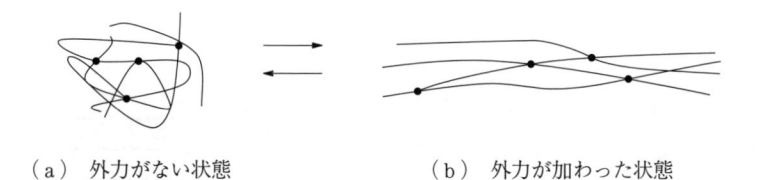

（a）外力がない状態　　　　　　（b）外力が加わった状態

図 5.6　伸長によるゴムの構造変化

5.1.5　粘　性・粘　度

　塑性変形や弾性変形は応力の大きさとひずみの関係で決まるが，プラスチックなどの高分子材料は実は両方の性質を持っている。このような性質を**粘弾性**

的性質と呼び，弾性と粘性の両方の性質が現れる．生体組織においても粘弾性的性質を示すものが多い．粘性という言葉が初めて出てきたが，**粘性**とはなんだろうか．粘性とは，物体が流れる場合，その流れに抵抗する性質をいう．塑性変形は，材料の構成要素が元に戻らない形でずれてしまうことによって生じる．いわば，液体のように流れてしまったわけである．本項では物質の粘弾性を理解するために必要な粘性についてまず解説する．

粘性は流体が持つ基本的な性質である．ここで**図 5.7** に示したように，液体中に距離 h だけ隔てて 2 枚の平板 P，P′ を置き，平板 P を平板 P′ と平行方向に線速度 u_0 で動かす場合を考える．

液体の運動は，平板と平行な層の運動と考えることができる．平板に接した流体平面 L_1 は線速度 u_1 で右方向に力 τ_1 で引っ張られ，同時に作用反作用の法則により，平板 P に対して逆方向に同じ大きさの力 τ_1 が作用する．さらに，流体平面 L_1 は L_2 に，L_2 は L_3 に同様な力を作用して，各流体平面の流動が開始する．このとき τ_2 は τ_1 よりも小さくなる．なぜならば，液体の摩擦によりエネルギーが消費されてしまうためである．そのため，流体平面 L_2 の線速度 u_2 は u_1 より遅くなる．また，平面 P′ に接している液体は動かないため，その線速度は最終的に**図 5.8** となる．

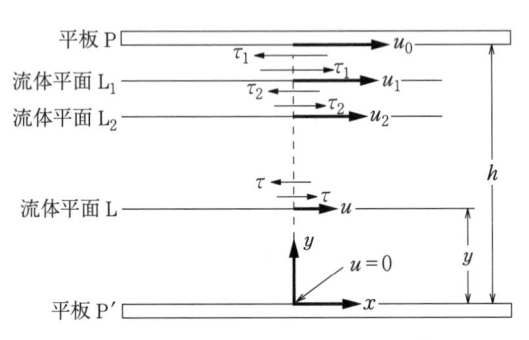

図 5.7 平行に置いた平板間の流動 3)

流れを移動させる力 τ は流れの方向に働いている．つまり**せん断応力**であり，流れでは**ずり応力**と呼ぶの

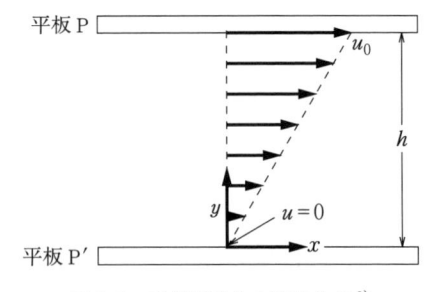

図 5.8 平板間流体の速度分布 3)

が一般的である。図5.8はずり応力と線速度が比例している場合である。その関係は

$$\tau = \mu \frac{u_0}{h}$$

となる。この式は**ニュートンの粘性法則**と呼ばれる。このときの比例定数 μ は**粘度**または**粘性係数**と呼ばれる。この図で考えた簡単な流れは，粘性の物理的概念を理解するのに便利な流れで，**クエットの流れ**（Couette flow）と呼ばれている。

クエットの流れでは速度分布は直線的で，上式の u_0/h は速度 u_0 の y 方向の変化率すなわち速度勾配を表している。この法則はもっと一般的な線形でない速度分布を持つ流れに対しても成り立つことが実験的に知られており，ニュートンの粘性法則の式は以下のように変形できる。

$$\tau_{rz} = -\mu \frac{du_z}{dr} = \mu \dot{\gamma}$$

ここで，τ_{rz} は r 方向（半径方向）に垂直な面で z 方向（横方向）に働くずり応力，u_z は z 方向に流れる流体の線速度，r は直円管の中心からの距離であり，線速度勾配 $-du_z/dr$ $(=\dot{\gamma})$ はせん断速度（またはずり速度）$[s^{-1}]$ と呼ばれる。粘性係数 μ は，〔質量／(距離・時間)〕という次元を持つので，SI単位では $[N \cdot s \cdot m^{-2}] = [Pa \cdot s]$ で表される。いまだCGS単位で表すこともあり，その場合は $[g \cdot cm^{-1} \cdot s^{-1}]$ であり，これを $[poise]$（ポアズ）と呼ぶ。通常，粘性係数は1 poise よりずっと小さいので，1 centi-poise（cp, センチポアズ，= 0.01 poise）を単位として用いることが多い。SI単位とCGS単位の換算は以下のとおりである。

$$1 \text{ poise} = 0.1 \text{ N} \cdot \text{s} \cdot \text{m}^{-2}, \quad 1 \text{ cp} = 1 \times 10^{-3} \text{ N} \cdot \text{s} \cdot \text{m}^{-2}$$

水と生体組織の粘性係数を**表5.2**に示す。

実は，液体が流れる場合，すべての液体が上式に従うわけではない。上式に従う液体を**ニュートン流体**といい，水や単純な分子から成る液体が属している。流体の線速度勾配がそのずり応力に比例しない流体は**非ニュートン流体**と

表 5.2 水と生体組織の粘性係数[1]

	粘性係数〔cp〕
水	0.67（37℃）
血液	1～6
軟組織	7×10^7
骨	$3 \times 10^{10} \sim 4 \times 10^{10}$

呼ばれる。言葉を変えると粘性係数がずり速度によって変化する液体であり，ケチャップやマヨネーズなど粘っこい液体，つまり粘性係数が大きな液体が属している。血液がニュートン流体と非ニュートン流体のどちらであるかについては，6章で述べる。

5.2 生体組織の力学モデル

多くの生体組織は粘弾性的性質を持っているため，その力学的性質をモデル化する場合，**弾性要素**と**粘性要素**を組み合わせる。**図 5.9**に示すように，弾性要素としては**バネ**を，粘性要素には**ダッシュポット**を用いる。ダッシュポットは，液体中において板状物を移動させるモデルである。その板状物移動は液体の粘性と時間に依存し，いったん移動すれば元に戻らない。つまり，永久的ひずみを表すことができる。

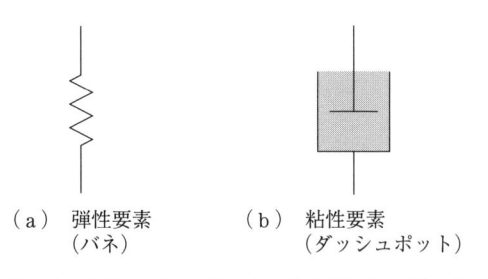

（a）弾性要素（バネ）　　（b）粘性要素（ダッシュポット）

図 5.9 力学モデルで用いるバネとダッシュポット

これらの要素を組み合わせてできる**図 5.10**に示す三つのモデルが一般的であり，生体組織の解析にも用いられている。マックスウェルモデルは**応力緩和**のモデルとなる。応力緩和とは，**図 5.11**（a）に示すように一定のひずみを加えた場合に，その応力が時間とともに減少する現象である。生体組織では，細胞内外液や血液など液体成分が多い組織のモデルとして適している。フォクトモデルは，**クリープ**のモデルとなる。クリープとは，図（b）に示すように一定応力を加えた場合に，ひずみが時間とともに増加する現象である。生体組織では，軟組織や骨のモデルに用いられる。3要素モデルは，マックスウェルモデルとフォクトモデルを組み合わせたものであり，より生体組織に

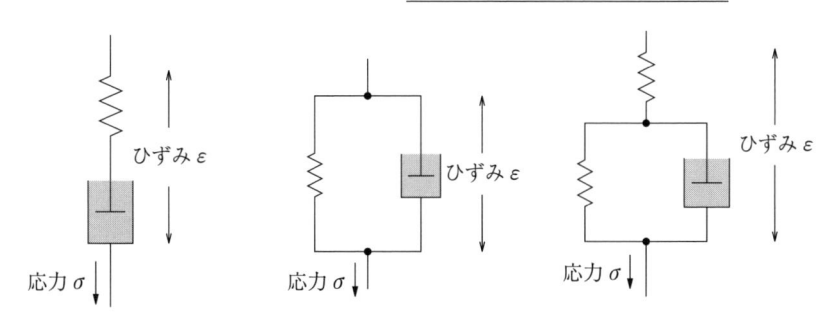

(a) マックスウェルモデル　（b）フォークトモデル　（c）3要素モデル

図 5.10 生体組織に用いられる力学モデル

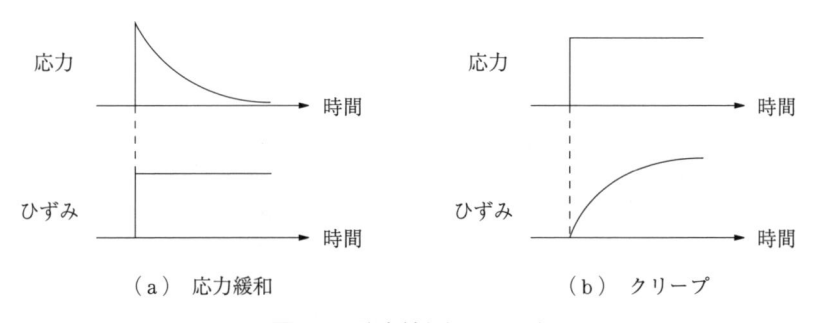

(a) 応力緩和　　　　　　　　　（b) クリープ

図 5.11 応力緩和とクリープ

近いモデルとなる。

5.3　生体組織の力学的特性

　生体組織の力学的特性の特徴は，**非線形性**，**異方性**，**粘弾性**である。最も典型的な例として血管，特に動脈血管を考えよう。血管はいうまでもなく血液が流れる管であるが，動脈血管は心臓から送り出される拍動流を効率よく運搬できるような力学的特性を持っている。その管径の変化についての応力-ひずみ線図を**図 5.12** に示す。ひずみが小さいときは応力も小さく，一定のひずみに達すると応力が急激に大きくなっている。つまり，動脈は拍動に合わせてその管径を容易に変化させることができる。その変形に必要な応力が少ないという

5. 生体の力学的特性

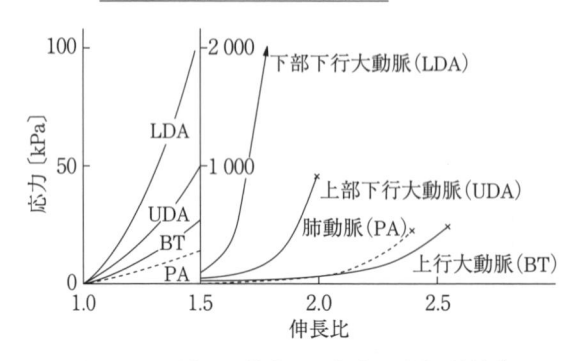

図5.12 子牛から摘出した動脈の引張り特性[4)]

ことは，エネルギーのロスも少ないことになる。しかし，変形しやすいだけでは破損しやすいことにつながるため，一定以上の変形は起こらないようになっている。その力学的特性はまさに非線形性を示している。このような力学的特性は一般材料では難しく，血管の優れた特徴である。では，血管は，どのようにしてこの力学的特性を得ているのであろうか。その理由は，**図5.13**に示した血管の構造によってもたらされている。

血管は3層構造になっている。血液と触れる層は**内膜**と呼ばれ，その表面には**内皮細胞**がある。内皮細胞の働きにより，血管中を流れる血液は血栓形成を起こさない。**中膜**は，**平滑筋**と**弾性線維**から形成されている。平滑筋は筋細胞の一種であり，次節で述べる。血管の平滑筋は交感神経によって支配され，血管の管径をコントロールしている。弾性線維は，エラスチンなど非常に弾性に優れたいわばゴムのようなタンパク質である。平滑筋と弾性線維から形成されている中膜によって血管の柔軟性が発揮されている。**外膜**はコラーゲンを主成分とする**結合組織**で形成されている。コラーゲンは構造タンパク質ともよばれ，強度的に最も強いタンパク質である。血管径のひずみが小さな状態では，コラーゲン線維の組織構造はルースな状態となっており，容易に伸縮ができる。しかし，ひずみが大きくなるとコラーゲ

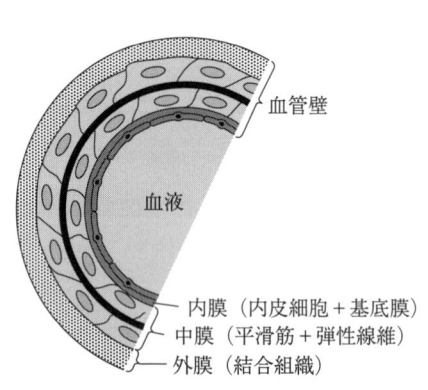

図5.13 血管の構造

ン線維が配向し，それ以上は伸びづらくなるという形となっている。血管はこのような多層構造によって，非線形特性という血液の流れにとっては好ましい力学的特性を有している。

5.4 筋肉の分類と構造

筋肉を構成している筋組織はその構造と収縮の仕方の違いにより，**表5.3**にまとめたように**骨格筋，心筋，平滑筋**に分類されている。多くの骨格筋はその名が示すように，関節をまたいで二つの骨に付着し，骨格の位置関係の維持や身体の運動や姿勢制御を行っている。筋肉が骨に付着する部分では，結合組織が束になっていて，腱と呼ばれる。

表5.3 筋肉の分類とその特徴

種類	おもな機能	横紋の有無	神経支配
骨格筋	身体の運動と維持	あり	体性神経（運動ニューロン）
心筋	心臓のポンプ作用	あり	自律神経
平滑筋	臓器の運動	なし	自律神経

骨格筋は随意的に収縮させることができる。最も大きな力を発生することができるが，疲労しやすい特徴がある。平滑筋は，胃，腸，膀胱，血管などの管状あるいは袋状の臓器の壁を形成している筋組織である。平滑筋には，自律神経の支配を受け収縮する平滑筋と自動性を持ったものがある。平滑筋はアクチンとミオシン（後述）が骨格筋の10％程度しかなく，骨格筋に比べて収縮の速度が遅く張力も弱い。心筋は心臓をつくっている筋組織で，骨格筋と平滑筋の中間的な特徴を持っている。

骨格筋を構成する各単位を**図5.14**に示した。基本単位の細胞は**筋線維**と呼ばれ，細長い多核細胞である。筋線維は収縮機能のために高度に分化している。筋線維（筋細胞）の中には多数の**筋原線維**がある。筋原繊維は直径が1〜2μmあり，細胞の全長にわたって伸びている。筋原線維には筋節と呼ばれる単位が並んでいる。この筋節が筋収縮の機能的単位である。一つの筋節は，太

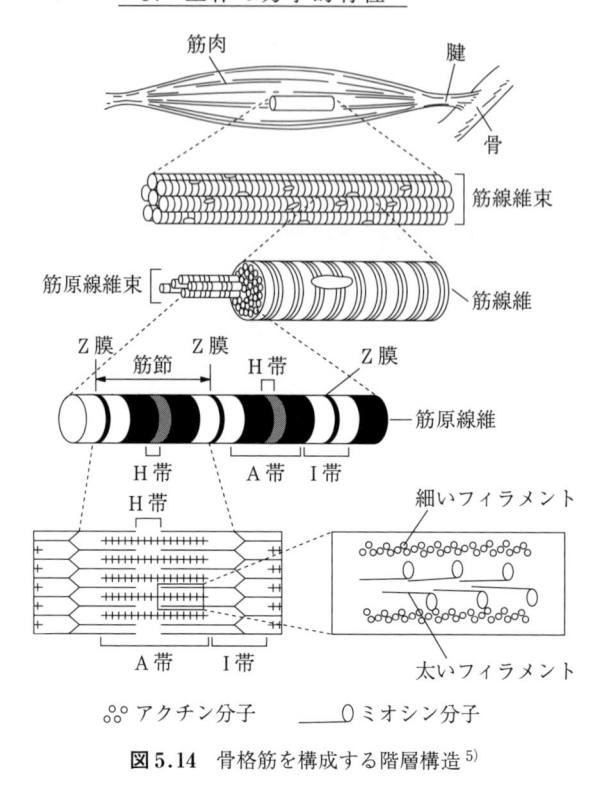

図5.14 骨格筋を構成する階層構造[5]

い筋フィラメントと細い筋フィラメントが組み合わされている。太い筋フィラメントは**ミオシン**というタンパク質であり，細いフィラメントは**アクチン**というタンパク質である。アクチンは櫛状の構造体であり，その隙間にミオシンが入り込むことによって筋収縮が起こる。電子顕微鏡で観察したとき，骨格筋のフィラメントはその配列により暗部と明部の交互パターンを示す。この線状パターンは骨格筋と心筋に見られるので，これらの筋は**横紋筋**とも呼ばれる。

筋収縮の最初の引き金は，筋細胞膜の興奮である。骨格筋の細胞膜は，運動神経によって刺激され興奮する。運動神経の神経末端と筋細胞膜が接している部分は神経筋接合部といわれる。神経末端から放出される情報伝達物質は**アセチルコリン**という物質であり，筋細胞はアセチルコリンに対する受容体を持っている。その伝達から筋収縮までの過程をまとめると以下のようになる。

（1）興奮が神経末端に到達 — 細胞膜の脱分極 — 電位依存性 Ca^{2+} チャネル開 — Ca^{2+} 流入 — アセチルコリン放出

（2）筋細胞膜にあるアセチルコリン受容体にアセチルコリン結合 — Na^+ チャネル開 — 筋細胞膜脱分極

（3）筋細胞の小胞体の電位依存性 Ca^{2+} 放出チャネル開 — 細胞内の Ca^{2+} 濃度上昇

（4）筋細胞の筋原線維（太いフィラメント：ミオシン，細いフィラメント：アクチン） — Ca^{2+} が結合 — 収縮（滑り構造）

5.5 骨の構造とリモデリング

成人の骨格は 206 個の骨から構成されている。下肢や上肢の長骨，手の短骨（手根骨），頭頂の扁平骨などいろいろな形状を持っている。骨組織は緻密に配列した**コラーゲン線維**の基質に**骨塩**（$Ca_{10}(PO_4)_6(OH)_2$：ヒドロキシアパタイト）が沈着した組織である。構造的には緻密な**皮質骨**（**緻密質骨**）とスポンジ状の**海綿骨**（**骨梁**）の二つの種類がある。この 2 種類の骨組織の量的割合は骨によって異なり，また同じ骨でも部位によって異なっている。皮質骨は非常に硬く，力の加わる部位で厚い。海綿骨は骨の内部にあり，網目状構造を形成している。図 5.15 に示した長骨を例にとると，その骨端部は海綿骨と皮質骨から成り，骨幹部は皮質骨から形成された中空の円筒になっており，その内部

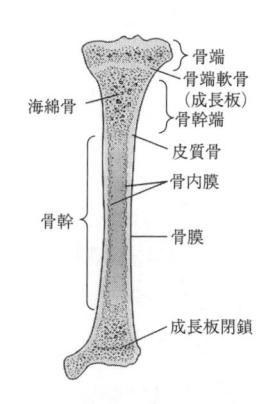

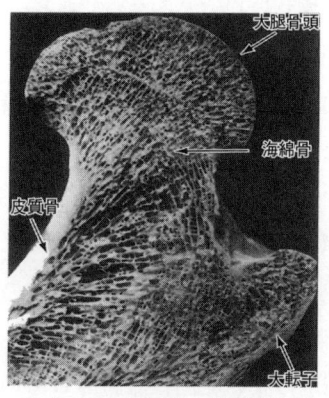

(a) 基本的構造と名称　　(b) ヒト大腿骨の骨頭部分の断面写真

図 5.15 長骨の構造[6]

には**骨髄**が満たされている。骨髄は血液の細胞を作り出す組織，つまり**造血組織**である。

ヒトの骨格は成長によって大きくなる。成長が止まると，骨は変化がない組織のように思われるが，実は絶えず骨の吸収と形成が行われている。これを**骨のリモデリング（改造）**と呼んでいる。骨の吸収は**破骨細胞**によって行われ，骨の形成は**骨芽細胞**によって進められている。破骨細胞はマクロファージ系の細胞であり，局所を酸性にすることにより骨を溶かしている。骨の無機成分であるヒドロキシアパタイトは，酸性になるとカルシウムイオンとリン酸イオンに分解してしまうためである。虫歯になるのも同じメカニズムであり，虫歯菌の代謝産物が酸性であるために歯のヒドロキシアパタイトが溶けてしまうわけである。骨芽細胞はコラーゲンをつくる線維芽細胞系の細胞である。骨の有機成分であるコラーゲンを産生し，また骨の形成にかかわるいろいろな物質を分泌している。さらに**基質小胞**という小粒子を遊離する。基質小胞はヒドロキシアパタイト形成の土台となる粒子である。

骨は，なぜリモデリングをするのであろうか。二つの理由が考えられている。一つは，負荷がかかる状態に対する対応である。つまり，力がかかる骨を丈夫にし，壊れにくくするためである。もう一つの理由は，血液中のカルシウム濃度を一定に保つためである。

体内の Ca^{2+} イオンは，細胞と細胞の接着，細胞間および細胞内の情報伝達，筋収縮などいろいろな生体機能の中で重要な役割を果たしている。2章で述べたように，細胞の細胞質内の Ca^{2+} 濃度は細胞外濃度の $1/10\,000$ であった。Ca^{2+} を情報伝達物質として用いているためである。Ca^{2+} を情報伝達物質として安定に利用するためには，細胞外液の Ca^{2+} 濃度を一定に保つことが重要である。実際，血漿の Ca^{2+} 濃度は $9 \sim 10\,mg/dl$ ($2.25 \sim 2.5\,mM = 4.5 \sim 5.0\,mEq/l$) の狭い範囲に維持されている。$Ca^{2+}$ 濃度は腸管からの吸収・排泄，尿中への排泄の体外バランスにより維持されるが，Ca^{2+} を摂取しない場合もあり，その濃度をつねに一定に保つのは困難である。そのため，体内にカルシウムの貯蔵体が必要であり，それが骨である。上記のバランスのほかに，

5.5 骨の構造とリモデリング

骨と血漿の間のバランスで Ca^{2+} 濃度がうまく調節されているのである。そのためには絶えずイオン状態の Ca^{2+} が必要となる。そのために骨を絶えず溶解していると考えられている。

破骨細胞による骨吸収と骨芽細胞による骨形成が一定に保たれていれば，見かけ上，骨の太さは変わらない。しかし，すでに述べたように運動をすると骨が太くなる。運動をすれば骨に力学的刺激が加わることになる。また，逆に寝たきりであれば骨がやせてしまい，無重力状態にいる宇宙飛行士たちは骨の異常をきたすことが多い。このように骨のリモデリングは，その力学的刺激と深くかかわっている。そのメカニズムの詳細はまだ明らかになっていないが，骨芽細胞の活性状態が骨への力学刺激に依存することが知られている。図 5.16 に示すように，力学的刺激が減少することによって骨芽細胞の活性が減少し，力学的刺激の増加で骨芽細胞の活性も増加する。一方，破骨細胞の活性状態は力学的影響を受けないため，結果として力学的刺激により骨量の増加，刺激減少で骨量低下が生じると考えられている。

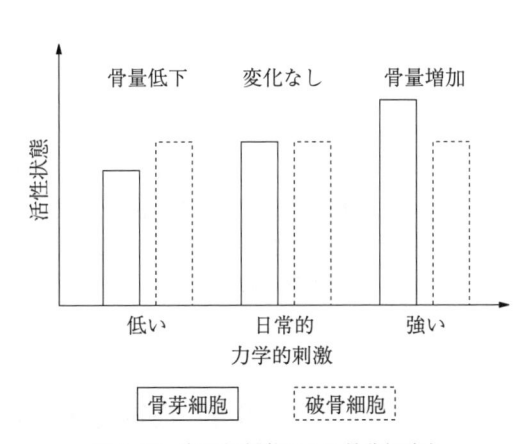

図 5.16 力学的刺激による骨芽細胞と破骨細胞の活性状態

6. 生体の流体的特性

ある物質に，その体積を変えないで形だけを変えようとする力を加えた場合に，ほとんど抵抗なく変形するならば，その物質を流体と呼ぶ。気体と液体が流体となる。生体においては，空気と体液がおもな流体である。いうまでもなく空気は気体であり，体液は液体である。「ほとんど」と述べたが，液体のほうが気体より流れにくい。流体が流れる場合の抵抗を粘性ということを前章で学んだが，液体は気体に比べて粘性係数が非常に大きいわけである。また，液体の種類によっても粘性が大きく異なっており，その粘性の違いによって流れやすさが異なることになる。本章では液体の流れをテーマとし，特に体液の中で流れの特性が重要となる血液の流体的特性について述べる。

6.1 血液とその粘度

血液の全体量は，体重の約 1/13 であり，体重 65 kg の成人男子で約 5 l 程度となる。血液は**血漿**という液体に**血球**が分散した懸濁液である。いうまでなく血漿は水が主成分であり，**表 6.1** に示したように，電解質，タンパク質や脂質等が含まれている。血球は赤血球，白血球と血小板から成り，それらの大きさと血液中の数を**表 6.2** にまとめた。

血漿の粘性に最も影響を与えるのはタンパク質の濃度である。生理的タンパク質濃度の場合，血漿の粘性係数は 1.5 cp 程度であり，水の 2 倍程度の値となる。血漿は**ニュートン流体**であるが，血球の影響によって血液は**非ニュートン流体**となる。血球のうち赤血球が占める割合が最も大きい。全血球成分の体

6.1 血液とその粘度

表 6.1 血漿のおもな成分とその濃度

	濃度 [g/dl]
電解質	(図 2.5 に掲載)
血漿タンパク質 　アルブミン 　グロブリン 　フィブリノーゲン 　など	6.5〜8.0 3.8〜4.8 3.2〜5.6 0.2〜0.4
脂質（カイロミクロン, 　VLDL, LDL, HDL）	110〜250

表 6.2 血球の大きさと血中数

	直径 [μm]	数 [×10^3 個/mm^3]
赤血球	7〜8	4 500〜5 500　（男） 4 000〜5 000　（女）
血小板	2〜3	150〜400
白血球 　好中球 　リンパ球 　単球 　好酸球 　好塩基球	 9〜12 7〜9 15〜20 10〜12 8〜10	6〜8 53.5 ⎫ 38　 ⎬ 全白血球中の 5 　 ⎬ およその割合 [%] 3 　 ⎬ 0.5 ⎭

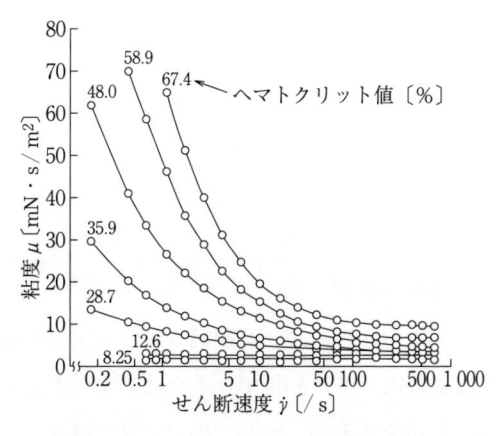

図 6.1 血液の粘度とせん断速度の関係[1]

積割合は，赤血球を1とした場合，白血球は1/600で，血小板は1/800以下となる。そのため，赤血球の数によって血液の粘性が大きく影響を受ける。**図6.1**に，血液の粘性とせん断速度の関係を示す。各曲線の数字は**ヘマトクリット値**を表している。ヘマトクリットは血液に占める血球成分の体積割合をパーセントで表した数値である。すでに述べたように血球の体積割合はほぼ赤血球によるものであるため，血液中における赤血球量の指標として用いられる。

図6.1に示された結果より，血液の粘性について，ヘマトクリット値が高いと粘性が高くなること，また，せん断速度が小さいと粘度が高くなることがわかる。血液の粘性についてまとめると，以下の4点となる。おのおの，なぜその特性になるかについての説明を簡単に述べる。なお，（4）は図6.1に示されていない特性である。

（1） 低せん断速度領域で粘度増加

赤血球が凝集し，集合体を形成するためと考えられている。これを**連銭形成**（rouleaux：ルーロー）と呼ぶ。

（2） 高せん断速度領域で粘度低下

赤血球が楕円板に変形し，流線に平行となることによって流れやすくなるためと考えられている。

（3） 赤血球の数が多いと粘度増加

水に小麦粉を混ぜた場合を考えればわかるように，粒子である赤血球が増えれば流れにくくなる。ヘマトクリット値が15％以下では，赤血球に影響されず，せん断速度に対して粘度が変わらないニュートン流体となる。

（4） 細い血管では粘度低下

半径1mm以下の血管において観察される現象である。血管が太い場合には，赤血球の大きさは無視できるため，全体として均一に流れていると考えることができる。しかし，細い血管では血球が中央部に集中する現象が見られる。これを**集軸効果**あるいはシグマ効果と呼んでいる。赤血球は平板であるため，流速の大きな血管の中央部を流れやすくなる

ために生じる現象である。その結果，血管壁に近い層では赤血球数が減少する。赤血球数が少ないと，（3）で述べたように血管壁から受ける抵抗が低下し，あたかも全体粘度が低下したように振る舞うためである。

6.2 血管内を流れる血液

　心臓から送り出された血液は，血管という管を流れて各組織に運ばれ，また心臓に戻ってくる。心臓につながっている血管は上行大動脈と呼ばれるが，血管はしだいに分岐し毛細血管に至り，静脈系では合流を繰り返している。血液の流れを考えた場合，分岐や合流の部分では複雑な流れとなる。その複雑な流れを解説することは本書の範囲を超えている。ここでは血管を理想的な円管として血液の流れを解説する。まず，一般的に円管を流れる液体を考えると，**ハーゲン–ポアズイユの法則**が成立する。この法則は，ドイツの技術者ハーゲンとフランスの生理学者ポアズイユが1839年と1840年にそれぞれ独立に発表した有名な法則である。なお，層流については次節で解説する。

　ハーゲン–ポアズイユの法則
　　「直円管内を流体が流れる場合，定常流で層流ならば，その流量は直円管の半径の4乗および圧力損失（圧力差）に比例し，流体の粘度および直円管の長さに反比例する。」

この法則を式で表すと，以下のようになる。

$$Q = \frac{\pi R^4}{8\mu} \frac{\Delta P}{L}$$

　　　Q：流量，　　R：直円管の半径，　　μ：粘度
　　　ΔP：圧力損失，　　L：直円管の長さ

この式を変形し，圧力損失 ΔP と流量 Q の関係を明瞭にすると

$$\Delta P = \frac{8}{\pi} \frac{\mu L}{R^4} Q$$

となり，血管を流れる血液を考える場合にわかりやすい。すなわち，この式は**血圧と血液流量の式**となり，血圧 ΔP は，心拍出量 Q と末梢血管抵抗 $\mu L/R^4$ によって決まることを示している。より具体的に述べれば，血圧は血管の太さ（血管の収縮・拡張）により調節されること，また，血液粘度が重要な因子であることを示している。この式において管径 R が4乗となっていることは注目に値する。すなわち，血圧において血管の管径が重要な因子となることを示している。

6.3 層流と乱流

液体が流れる場合，きれいに流れる場合と乱れた流れがある。では，きれいとか乱れたとは，どのように定義すればいいのだろうか。その定義は，**流線**で決められる。流線の定義は，「流れの中で引いた曲線で，その上の各点での流れの方向がその点での接線の方向と一致する」となり，難しく感じるが，液体にその液体と同じ比重を持つ粒子を入れて液体を流した場合に，その流れにのって移動する粒子の軌跡といえる。その流線を用いて**層流**と**乱流**を定義すると以下のようになる。

　層流： 流線が交わらない流れ
　乱流： 流線が交わる流れ

図6.2に，円管を流れる流体の層流および乱流における流線と速度分布を示した。円管を流れる層流の場合，その流れの速度分布は放物線となる。すなわち，流れの中央部で最も流速が速くなり，その速度は流れの平均流速の2倍となる。乱流の場合には流線が入り乱れるので，流れに対する摩擦力が場所に無関係に一定となってしまう。ただし，管に接触する部位やその近傍では，流れの混合作用が少ないため，薄い層の層流が存在している。

　流れをちょっと頭に思い浮かべてみると，流速が大きければ乱流になることが予想される。実際にもそのようになるが，流れの状態は流速だけではなく，管の太さや流体の粘性係数などに依存する。流れが層流か乱流となるかの指標

6.3 層流と乱流

(a) 層流: 流線が交わらない。速度分布が放物線になる。
(b) 乱流: 流線が交わる。速度分布がほぼ一様となる。

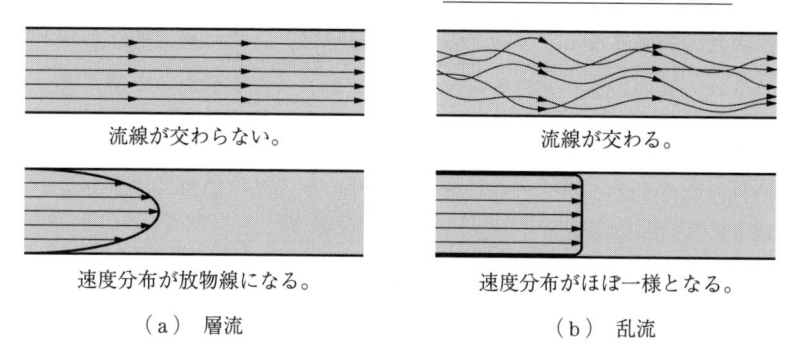

図6.2 層流および乱流における流線と速度分布

としてレイノルズにより提唱された**レイノルズ数**が用いられている。流体の密度をρ, 流速をu, 管の直径（内径）をD, 粘性係数をμとして, レイノルズ数Reは以下のように定義される。

$$Re = \rho u \frac{D}{\mu}$$

さらに, 粘性係数と密度の比である**動粘性係数**ν（$= \mu/\rho$）を用いて以下のようにも表される。

$$Re = u \frac{D}{\nu}$$

レイノルズは, 流れの状態は, 流れの微小部分が有する**慣性力**と, それを減衰させる**粘性力**の比によって規定できると考え, この式を導いている。慣性力はまわりとは別々に動こうとする力であり, 粘性力はまわりと一緒に動こうとする力ということができる。つまり

$$慣性力 \propto \rho u^2, \quad 粘性力 \propto \mu \frac{u}{D}$$

なので, レイノルズ数は

$$Re = \frac{慣性力}{粘性力} = \frac{\rho u D}{\mu}$$

となるわけである。

レイノルズ数は, 分子と分母の単位が同じである。そのためレイノルズ数

は、**無次元の数値**となる。無次元のパラメータは、いわば普遍的な数値といえる。つまり、管の太さなどによらないわけであり、径が異なった管を流れる流体どうしをたがいに比較することが可能となる。

直円管をニュートン流体が流れる場合には、レイノルズ数と流れの状態の関係は以下のようになる。

$Re < 2\,100$　　　　　層流

$2\,100 < Re < 10\,000$　　　遷移域

$Re > 10\,000$　　　　乱流

流れが層流から乱流に変化する境目のレイノルズ数を**臨界レイノルズ数**と呼ぶ。直円管中の臨界レイノルズ数は2100程度である。ただし、このレイノルズ数の値は目安であり、慎重に流速を上げていくと、10000のレイノルズ数でも層流が可能であり、障害物がある場合には、数百のレイノルズ数でも乱流が発生することもある。また、非定常流では臨界レイノルズ数も大きく異なっている。血流を考えた場合、動脈では拍動流であり、さらに複雑な分岐や曲がり部分が多い。そのため心臓血管系の流れの構造を把握することは容易ではないが、各血管の内径と血液速度および最大レイノルズ数を**表6.3**にまとめた。

表6.3　各部における血管の内径と流動状態[2)]

血管	内径〔cm〕	最大血液速度〔cm/s〕	平均血液速度〔cm/s〕	最大レイノルズ数
上行大動脈	1.0〜2.4	40〜290	10〜40	4500
下行大動脈	0.8〜1.8	25〜250	10〜40	3400
腹部大動脈	0.5〜1.2	50〜60	8〜20	1250
大腿大動脈	0.2〜0.8	100〜120	10〜15	1000
頸動脈	0.2〜0.8			
細動脈	0.001〜0.008		0.5〜1.0	0.09
毛細血管	0.0004〜0.0008		0.02〜0.17	0.001
細静脈	0.001〜0.0075		0.2〜0.5	0.035
下行大静脈	0.6〜1.5	25	15〜40	700
主要肺静脈	1.0〜2.0	70	6〜28	3000

6.4　血液循環と心拍数調節

心臓から拍出された血液は，図 6.3 に示すように，大動脈 ― 動脈 ― 各組織（毛細血管）― 静脈 ― 大静脈という血管系を循環する。**冠状血管**は心臓の血管であり，他の動脈と異なって心臓拡張期に血流を生じる。心臓の収縮期には左心室内圧の上昇により，冠動脈が圧迫されるため，逆に血流が減少するためである。脳血流は，心拍出量の 15 ～ 20 % であり，体重の 2 ～ 3 % にすぎない脳に多くの血液を供給している。**門脈**は腸と肝臓を結ぶ血管である。腸で有害物資を吸収した場合，まず肝臓に流入することによりその有毒物質を解毒し，全身に運ばれることを防いでいる。

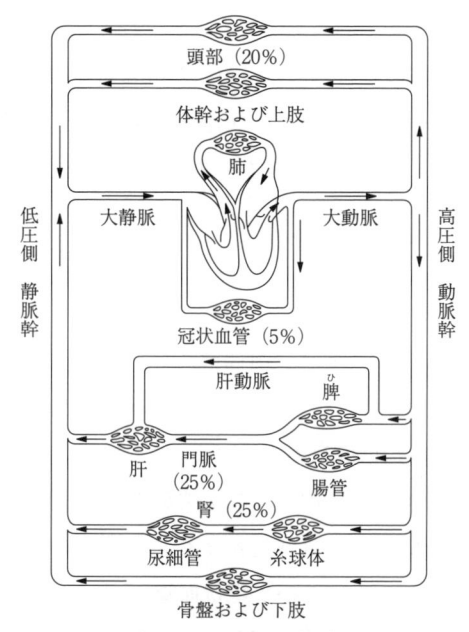

図 6.3　血液の循環 [3]

心臓の拍出量は生体の状況に応じて調節され，全身の組織が必要とするだけの量を心臓が拍出するようになっている。これは，心臓の収縮が，つねに 2 種類の機構によって調節されているためである。その一つは**スターリングの法則**または**内因性機構**と呼ばれ，心筋に備わっている基本的な性質に基づいている。他の一つは**外因性機構**であり，神経系やアドレナリン等の血液中の物質による調節である。

スターリングの法則は，スターリングの定義によると「心室収縮により発生するエネルギーは心室拡張終期容積（または筋長）に依存して決まり，生理的範囲内では，後者が増えるに従って前者も増加する」となる。簡単にいうと，

心臓は，拡張期の容積が大きいほど収縮時の拍出量が多い。つまり，心臓は入ってきた量だけ拍出するということになる。生理的範囲内では，心筋が伸ばされるほどより大きな張力が発生するためである。この法則は現在でも心臓生理学の基本的概念である。

心臓の神経調節は，自律神経によって行われている。**交感神経**は心拍数を増加させ，**副交感神経（心臓迷走神経）**は心拍数を減少させる。自動車を例にすれば，交感神経はアクセルであり，副交感神経はブレーキとなる。

6.5 血管の構造と脈波伝搬

図5.11に血管の断面構造を示し，内膜，中膜と外膜の三つの層から構成されていることを述べたが，それぞれの血管では以下のような特徴があり，末尾に述べた機能を担っている。

大動脈： 中膜の弾性線維が多く，伸縮性に富む。…**弾性血管**
小細動脈： 平滑筋が多く，交感神経の分布も密であり，血管径を変化させる。…**抵抗血管**
毛細血管： 内皮細胞，基底膜，外周の結合組織から構成され，組織と物質を交換する。…**交換血管**
静脈： 血管壁が薄く，伸展性に富む。逆流防止の弁がある。…**容量血管**

大動脈およびこれに続く太い動脈は，心臓から拍出される血液をためる作用を果たすことにより，拍動的な血流を連続流的な流れとすることができる。細い血管は血管内径を変える能力に優れており，血管抵抗を変えることにより，血液流入量と血圧の調節を行っている。

血液循環の目的は物質の交換であるが，それは毛細血管で行われる。毛細血管は3層構造を持たず，1層の内膜細胞とその外側にまばらにある周辺細胞から構成されている。毛細血管壁を隔てての物質交換は，濃度勾配による拡散により行われている。ただし，物質の大きさで拡散のしやすさが異なる。電解質などの小さな物質は自由に透過するのに対し，血漿タンパク質などは透過しづ

らいため，浸透圧が発生する。これを**膠質（コロイド）浸透圧**と呼ぶ。生体において重要な浸透圧は，2章で述べた細胞膜において働く電解質による浸透圧と，この毛細血管で働く膠質浸透圧である。

静脈は伸展性に富み，血液を多く貯蔵することになるため，容量血管とも呼ばれる。静脈壁には交感神経が多く分布している。出血などに際して静脈を収縮させて，貯蔵血液を他部位に移動させるとともに，出血を減らしている。また，静脈弁があり，逆流を防いでいる。

心臓から拍出された血液により大動脈は周期的に収縮・拡張を繰り返すが，その圧変化は血管壁を伝わり末梢の動脈に至る。これを脈波という。手首にある橈骨動脈に触診すると脈をとることができるが，あの脈のことである。脈波は血管の伸展のしやすさによって変化し，血管壁が硬くなると速くなる。その速度を**脈波伝搬速度**（pulse wave velocity, **PWV**）と呼ぶが，動脈硬化の診断手法の一つとして用いられている。各血管の脈波伝搬速度を**表6.4**に示す。

表6.4 各部における血管の脈波伝搬速度[3]

血管	脈波伝搬速度〔cm/s〕
上行大動脈	400 ～ 600
腹部大動脈	600 ～ 750
大腿大動脈	800 ～ 1030
頸動脈	600 ～ 1100
下大静脈	100 ～ 700
主要肺静脈	200 ～ 300

7. 生体の熱的特性

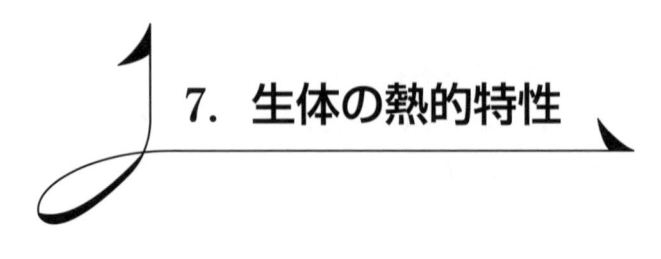

 ヒトは定温動物である。体温を一定に保つことは，外部環境に影響されずに生命活動を行う上で非常に有利である。なぜならば，生命活動の基本は化学反応であり，化学反応の速度はその温度に大きく影響を受けるため，一定の温度を維持することによって恒常的な生命活動を行うことができるからである。ヒトはどのようにして一定の温度を維持しているのであろうか。また，体温以上の熱が体や組織に加えられた場合は，どのような影響が生じるのであろうか。本章では，生体の熱的性質がテーマである。

7.1 熱 と 温 度

 体の**温度調節機構**を説明する前に，まず，一番基本的なことを解説しよう。熱とは何かについてである。
 熱とはエネルギーの一つの形である。もう少し厳密にいうと，温度が異なる二つの物体が接触したとき，温度の高いほうから低い温度の物体に移動するエネルギーをいう。熱は，エネルギーの移動形態の一つであり，実は，非常にわかりづらい概念である。その概念を詳しく述べることは省略するが，熱が物質に加わると，その物質を構成している分子などの運動エネルギーや位置エネルギーに変わり，分子の運動が激しくなる。これを熱運動と呼ぶ。分子の運動は速いものもあれば遅いものもあり，一定の分布となる。その熱運動エネルギーの平均を定める尺度が温度となる。すべての分子がまったく動いていない状態が０度となり，**絶対零度**と呼ぶ。この温度の尺度は絶対温度または**ケルビン温度**と呼ばれ，Kを単位としている。実用上は，水の融点を０とし沸点までを

100段階に分けた**セルシウス温度目盛り**〔℃〕が用いられている。ケルビン温度もセルシウス温度と同じ間隔の目盛りを用いており

　　セルシウス温度〔℃〕＝ケルビン温度〔K〕－273.15

となる。熱量のSI単位はエネルギーと同様に，J（ジュール）である。従来の単位であるcal（カロリー）も使われることが多い。水1gを1℃上昇させる熱量が1calである。ジュールとカロリーの関係は，1cal＝4.18Jである。

7.2　ヒトの体温とその調節

　ヒトの体温は1日を周期とした変動や年齢による変動があるが，ほぼ一定の36.5℃を維持している。体温が一定となるのは，熱の産生と熱の放散のバランスを調節するすぐれた調節機構の働きである。その調節機構の司令塔は，間脳に位置している視床下部にある**体温調節中枢**である。この中枢は，**図7.1**に示すように，自律神経系，内分泌系，体性神経を介して体温の調節を行っている。いわば，設定温度が設定されており，皮膚温度や深部温度がその設定温度からずれると，その差を感受して体温を設定温度へ戻す仕組みを発動するのである。以下に，体内における熱産生，熱伝搬と熱放散のメカニズムを解説し，体温調節の仕組みを具体的に解説する。

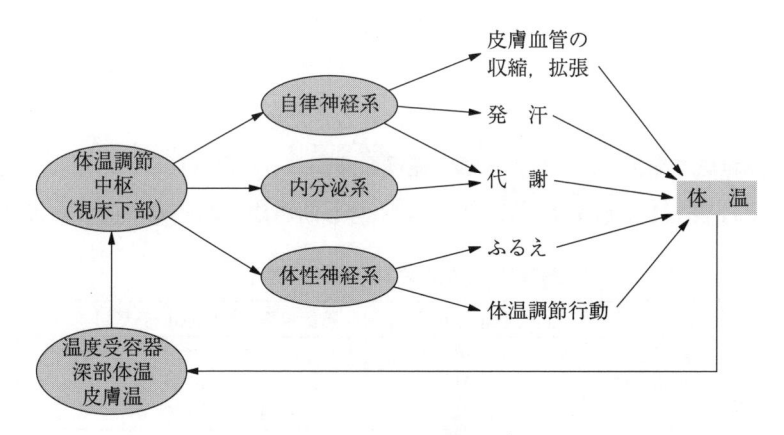

図7.1　体温の調節機構[1]

7.2.1 熱の産生

体内で産生される熱は，摂取した栄養素の**代謝**によって発生する熱である。代謝は体の中で生ずる化学反応である。化学反応では分子構造の組み換えが行われるが，反応前と後の分子構造のエネルギー（結合エネルギー）の差の一部が**仕事**に使われ，残りが熱エネルギーとなり発散される。この仕事とは生命維持に必須の活動を意味しているが，仕事に利用されるのは代謝によって得られるエネルギーの1/5～1/3程度であり，残りが熱となる。筋肉を動かさず，安静にしている場合でも当然ながら代謝は行われており，熱が発生する。これを**基礎代謝**と呼ぶ。脳，肝臓，腎臓など，常時代謝が盛んな臓器がその熱を産生している。生命を維持するために必要な基礎代謝量は1日当り約1200～1400 kcalであり，最低この分の栄養素の摂取が必要となる。作業や運動を行うと，その強度に応じて筋による熱産生が加わることになる。日常的な活動において必要な成人のエネルギー量は1日当り2500～3000 kcalであるが，その大部分が熱となっている。

7.2.2 熱の伝搬

物理的な熱伝搬の仕組みは，**伝導**，**輻射**（放射），**対流**である。伝導は，物体の接触による熱移動である。輻射は，熱エネルギーを赤外線などの電磁波エネルギーに変換しての放出である。対流は，熱媒体に流体が接触した場合の，その流体循環による熱放出である。流体へ熱が移動することにより，流体の密度変化が生じることによって流体循環が起こるためである。

生体組織で発生した熱は，**伝導**と**循環血液**によって運ばれる。ただし，生体組織では表7.1に示すように，水を多く含む筋組織の熱伝導率は水とほぼ同

表7.1 生体組織の比熱と熱伝導率[2)]

	比熱〔cal/(g·℃)〕	熱伝導率〔cal/(cm·s·℃)〕
筋組織	0.86	1.3×10^{-3}
脂肪組織	0.24	4.6×10^{-4}
骨組織	0.24	4.6×10^{-4}

じであり，その値は小さい．脂肪組織や骨の熱伝導率は，さらに小さな値である．したがって，生体における熱の輸送で支配的なのは血液循環であり，生体内における熱伝搬の 99 % を担っている．

7.2.3 熱 の 放 散

ある物体の熱が伝搬により他に移動した場合，その物体から熱が放散したともいえる．生体から熱が放散する仕組みにおいては，伝導，輻射，対流のほかに**水の蒸発**が重要である．水の気化熱は大きく，熱放散の効率が高いためである．発汗がなくとも皮膚や呼吸気道から絶えず水が蒸発している．これを**不感蒸散**と呼び，1日約 1 l 程度の水が蒸発している．伝導，輻射，対流による熱放散を**非蒸発性熱放散**，水分蒸発による熱放散を**蒸発性熱放散**と呼んでいる．

一般に，外気温は体温より低い．このような環境では，非蒸発性熱放散の大きさは，皮膚血管の太さと血液量に依存する．熱の放散量は体表面（皮膚）と外界との間の温度差に依存するが，皮膚血液流量が多くなると皮膚温度は高くなるためである．また，皮膚血管が拡張すれば，血液流量が多くなるばかりでなく，表面積が増すことにより外界への熱放散量も増える．すなわち，皮膚血管の拡張・収縮によって放熱量をコントロールしている．血管が拡張すれば放熱量が増し，収縮すれば熱放散が抑えられる．気温が高いときに皮膚の血管が浮き出ることは日常的に経験することである．

発汗は皮膚に分布する汗腺から起こる．汗腺の総数は 200 万から 500 万である．汗腺は交感神経の支配を受けるが，他の交感神経がノルアドレナリン作動性であるのに対し，アセチルコリン作動性となっている．汗の主成分はいうまでもなく水であるが，NaCl などが 0.3 ～ 0.8 % 程度含まれている．

安静時の熱放散は，その 2/3 が輻射，1/10 程度が伝導・対流であり，残りが水の不感蒸散による．運動を行えば，発汗に伴う水の蒸発の割合が増える．

7.2.4 体温調節と発熱

体温の調節は**ネガティブフィードバック機構**と呼ばれている．すなわち望ま

しい値から変化したとき,その変化を打ち消す方向の作用を発動する機構である。ネガティブフィードバック機構は,体温調節だけでなく,生体の**恒常性**（**ホメオスタシス**）維持に最も重要な仕組みである。体温調節はまさに恒常性の基本である。

体温調節には,まず環境温度の検出が必要であるが,**皮膚の温度受容器**と視床下部にある**深部体温受容器**がその役割を担っている。その温度情報に基づいて,**図7.2**にように熱放散と熱産生をコントロールしている。外気温度が低い場合,まず放熱量を減らすため皮膚血管の収縮を行う。それでも不十分の場合は,熱産生を促す。筋組織がそのために使われ,**ふるえ**という骨格筋の強制的活動を起こさせる。外気温度が高い場合は,すでに述べたように,まず皮膚血管の太さと血液流量を増して,放熱量を増やす。それでも不十分の場合は,**発汗**を行う。

皮膚血管の収縮 血液流量の低下	皮膚血管の収縮 血液流量の増大
ふるえ	発汗

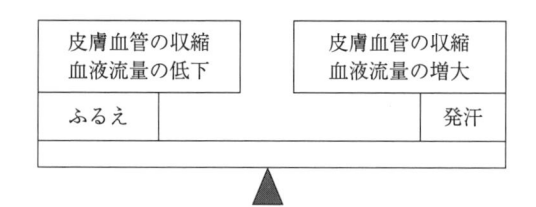

図7.2 熱放散と熱産生のバランスによる体温調節

病原細菌などに感染すると発熱し,体温が上がる。これは視床下部の設定温度が上がるためである。その原因は,マクロファージが分泌する**インターロイキン-1**（**IL-1**）などである。これらの物質は,マクロファージが細菌と戦うときに分泌される**免疫細胞情報伝達物質**であり,リンパ球などに作用する物質である。IL-1の作用は多彩であって,**内因性発熱物質**とも呼ばれている。IL-1が血流によって視床下部に達して作用すると,その設定温度を上げる。そのため体温が上昇するのである。風邪をひいたとき,発熱の前にふるえがくることを経験したことがあるかと思う。熱の産生量を増加させているわけである。なぜ,設定温度を上げるのであろうか。その理由は,免疫系細胞の活性が41.5℃で最大となるからである。つまり,細菌と戦う免疫系細胞の力を高め

るためである。風邪をひいたとき解熱剤を服用しないほうが治癒も早いといわれるが，免疫系細胞の温度特性がその理由である。

7.3　熱の生体物質への影響

　免疫系細胞は 41.5℃で最大活性となることを述べたが，それ以上の温度ではむしろ活性が低下する。それは，熱によりタンパク質などの構造や性質が変化してしまうからである。2 章で解説したが，タンパク質の 2 次構造以上の変化を**変性**という。タンパク質が変性する温度を変性温度というが，その温度はタンパク質によって異なっている。血漿タンパク質のアルブミンの変性温度は，65 〜 70℃程度と報告されているが，より低温で変性するタンパク質もある。また，細胞内のタンパク質の変性だけではなく，細胞膜なども熱による性質の変化が生じてしまう。そのため，細胞に熱を加えると**図 7.3** に示したように，その生存率が低下する。この結果は FM 34 細胞を用いた培養実験の結果であるが，43℃以上で生存率が急激に低下している。

　組織に熱を加えた場合には，いわゆる熱傷が生じてしまう。**図 7.4** に，1947 年に発表された Henriques らの実験結果を示した。彼らは動物実験を行い，熱傷となる温度と時間を測定した。図の Ω は，彼らが導き出した式から得られる関数値であり，組織の損傷の度合いの目安である。$\Omega = 0.53$ 以上で熱傷と

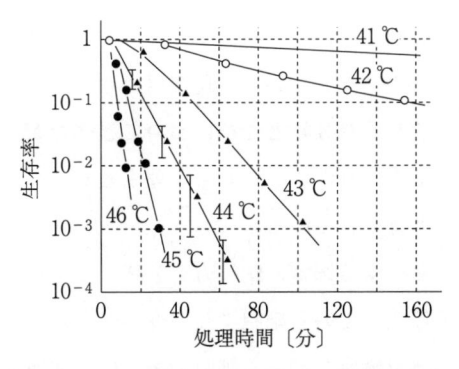

図 7.3　培養細胞の生存率に及ぼす熱の影響[2]

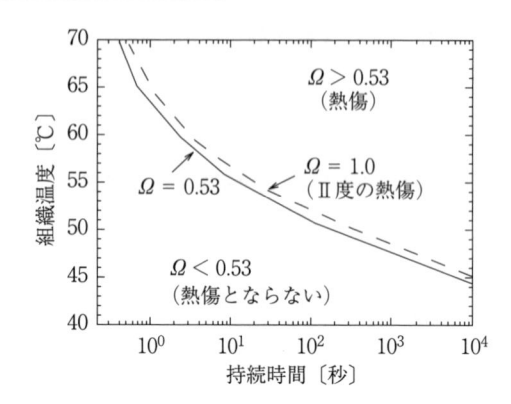

図7.4 組織の熱傷に及ぼす組織温度と持続時間 [3]

なる。$\Omega = 1.0$はⅡ度の熱傷の境界である。この結果，42℃以下では熱傷は起きないこと，44℃程度の低温においても，時間が長い場合には熱傷が生じること，温度が高くなると熱傷に至る時間は指数関数的に短縮されることなどがわかる。

7.4 熱の医療応用

筋肉や皮下組織を加温することは肩こりや筋肉痛や神経痛の軽減に効果があるとされ，温熱療法が行われている。全身の温泉浴やホットパッドや赤外線による局所加温などが行われている。

また，**癌に対する温熱療法**はハイパーサーミアという英語名も一般的であるが，癌治療の手法の一つとなっている。現在用いられている加熱手段は，電磁波と超音波であり，それぞれ3章と4章において述べたが，温熱療法がなぜ癌治療に有効となるのであろうか。そのおもな理由として，癌細胞の**温度感受性**と癌組織の**血管系**が考えられている。

温度感受性とは，熱による影響の受け方を意味している。一般に，増殖している細胞は，増殖を停止している細胞より温度感受性が高く，加温により生存率が低下しやすい。体を構成している細胞の多くは，増殖を停止している。一

方，癌細胞は増殖細胞であるため，熱による致死効果が高いと考えられている。しかし，すべての癌細胞が正常細胞より熱感受性が高いわけではなく，温熱療法の効果に差が生じている。

癌組織の血管系とは，癌組織が成長する過程において形成する血管網を意味している。癌細胞は血管内皮増殖因子などの血管新生にかかわる物質を分泌し，自らの組織に血管系を構築する。しかし，正常組織に比べてその血管網は不十分な場合が多い。熱の移動には血液循環の役割が最も大きいことを述べたが，血管網が不十分で血流量が少なければ，冷却効果も少ない。そのため，周辺の正常組織よりも癌組織の温度が高く維持されてしまうため，加温の影響をより受けやすいと考えられている。また，低酸素状態の細胞は熱感受性が高まることが知られている。血液流量が不十分な癌組織は，低酸素状態となっており，癌細胞の温度感受性が高まるとも考えられている。

癌の温熱療法では，腫瘍の局所を43℃以上に加温し，一方で周囲の正常組織温度を42℃以下に維持するのが理想である。そのために加温手法や組織温度測定などに，いろいろな工夫が施されている。

8. 生体の光特性

　植物の光合成は，水と二酸化炭素を原料とし，太陽から送られる光のエネルギーによって行われている。合成される炭水化物は，生命活動の基盤となっているわけであり，光は地球上の生命体にとって，その生命活動の源といえるだろう。光は電磁波の一種である。しかし，3章で述べた電波は光合成を行わせることができない。また，光は目に見えるのに対し，電波は見えない。同じ電磁波でありながら，その違いはなぜ生じるのであろうか。また，生体に光が照射された場合，どのような作用を与えるのであろうか。本章では，まず光について解説し，光が生体に及ぼす作用を述べる。

8.1　光

　光は電磁波のうち，われわれの目に感じることができる波長を中心とした狭い範囲の電磁波である。光はその波長により，**紫外線**（波長：10～400 nm），**可視光**（400～700 nm）と**赤外線**（700 nm～1 mm）に分類される。可視光を目に感じるのは，われわれの目の中の色感覚をつかさどる**視覚細胞**が，青，緑，赤の光を吸収し，興奮することにより脳に電気信号を送っているからである。つまり，4章で述べた電磁波と比べ，光は物質に吸収されやすいという特徴がある。しかし，**光の吸収原理**は，電波の吸収とは異なっている。光が物質に吸収されやすい理由は，光のエネルギーが物質を構成している原子や分子のエネルギーと同じような大きさのエネルギーだからである。では，原子・分子のエネルギーや光のエネルギーとは一体なんなのであろうか。まず，原子の構造を例にとり，簡単に説明することにする。

8.2 原子・分子のエネルギー

　原子は，密度が大きく正電荷を持つ原子核と，そのまわりを離れて取り巻いている負電荷の電子から構成されている．電子が存在している場所を**電子の軌道**といい，3番目の軌道までを，**図8.1**に示した．原子核に近い軌道から，K殻，L殻，M殻という名称がつけられている．

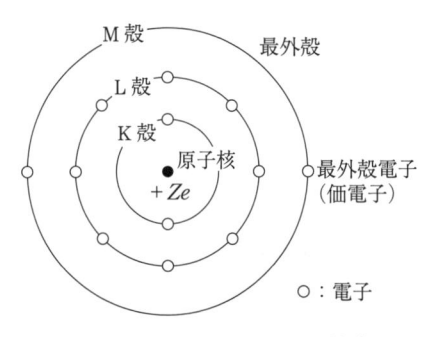

図8.1 原子核を回る電子の軌道　　**図8.2** 定常波と非定常波

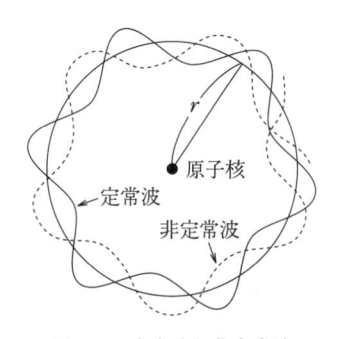

　この図では，電子が原子核のまわりを周回しているように，いわば地球のまわりに人工衛星が回っているのと同じように描いてある．しかし，実際には異なっている．なぜならば，**古典的電磁気学**に基づけば，荷電粒子である電子が回転運動を行った場合，電磁波を発生することによりエネルギーを失い，最後には原子核に吸い寄せられるはずである．しかし，そのようにならないのは，原子や電子などの非常に小さな物質の世界では，われわれの世界とはまったく異なった原理が働いているためである．その原理は，**粒子と波の二重性**である．このような世界を**量子の世界**と呼び，量子力学という古典力学とは異なった法則に基づくことによりいろいろな現象を説明できようになる．つまり，簡単にいえば，粒子である電子が存在できる場所は，波の性質を満たすところに限られるということである．

　波の性質の一つは，一定の場所に局在化された場合には，一定波長の波のみ

存在できるということである。これを**定常波**という。この性質は，原子核のまわりを回る電子の場合にもあてはまる。すなわち，**図8.2**に示したように，原子核のまわりで定常波（実線）を形成する軌道にしか電子は存在できないということになる。破線で示した非定常波の場合は，干渉によって消失してしまうためである。図8.1で，原子核に一番近い軌道であるK殻には電子が二つしか存在できないため，3番目の電子は二つ目の軌道に入る。L殻には8個まで電子が入ることができるので，11番目の電子は第3の軌道であるM殻に入る。ちなみに，電子1個の原子は水素，2個はヘリウム，3個はリチウム，11個はナトリウムである。ここで重要なのは，電子の軌道は定常波を形成できる一定の状態であり，そのエネルギーである電子軌道エネルギーは**不連続な値**しかとれないことである。これを「量子化されている」という。

原子が結合して分子となった場合，その構造によって振動運動や回転運動が起こるが，その運動も波の性質を満たす状態に限られる。つまり，振動エネルギーや回転エネルギーも量子化されており，不連続な値しかとれないこととなる。

8.3　光のエネルギーと光の吸収

光は電磁波であり，波である。しかし，実は粒子としての性質も持っている。これを**光子（フォトン）**と呼ぶ。光子のエネルギー E は振動数 ν（＝光速 c／波長）に比例し，プランク定数を h とすると次式で与えられる。

$$E = h\nu$$

物質による光の吸収は，その物質を構成している分子等に光のエネルギーが吸収されることによって生じる。しかし，その吸収は，分子の量子化されたエネルギーの差と光エネルギーが一致した場合にのみ生じる。異なっている場合には，光の吸収は起こらない。紫外線，可視光，赤外線の光子エネルギーに対応する分子のエネルギーは以下のようになる。なお，4章で述べたマイクロ波の場合は，回転運動間のエネルギーに対応している。

紫外線：電子の軌道間のエネルギー
　　可視光：電子の軌道間のエネルギー
　　赤外線：振動運動または回転運動の状態間のエネルギー

　分子は光を吸収することによって，高いエネルギー状態になる。これを「**励起された**」という。図 8.3 に分子軌道エネルギー間に光の吸収が生じた場合を示したが，励起された分子は，エネルギーを散逸することにより基底状態という元の状態に戻る。多くの場合，熱として周辺の分子にエネルギーをわたす**無放射失活**が起こるが，分子によっては光を発することによって基底状態に戻る。それが**けい光**であり，**りん光**である。図では，励起状態として 3 本の線が描かれているが，これらはその電子軌道状態における振動エネルギーの準位を表している。ただし，実際の振動エネルギー準位は，電子軌道エネルギー準位と比べて十分に小さい。光の吸収によって，励起状態の高い振動準位へと励起される場合が多く，一方，けい光は振動準位の基底準位から起こることが一般的であるため，けい光の波長は励起光よりも小さくなる。りん光は，電子スピン状態がかかわっている場合であり，その詳細は省略する。紫外線は，エネルギーが大きいため，分子のイオン化や分解を生じさせることもある。

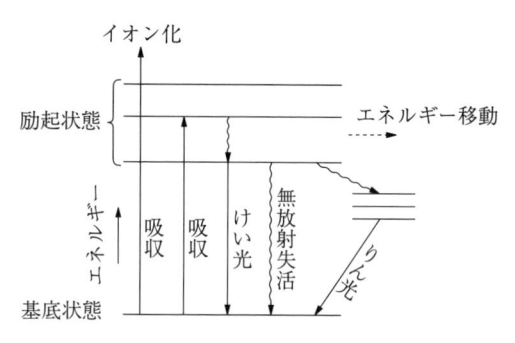

図 8.3　光の吸収過程

8.4　色と色覚

　太陽光をプリズムで分解したとき，7 色に分かれる。これを太陽光のスペクトルと呼ぶ。波長の短いほうから並べると，紫，藍，青，緑，黄，橙，赤である。なぜこのように見えるのであろうか。すでに述べたように，われわれの視

覚をつかさどる**網膜の視細胞**には**赤・緑・青**のそれぞれに敏感な3種の細胞があって，その刺激が脳に伝わり，総合的に知覚している。そのため，赤，緑と青は**光の3原色**と呼ばれている。3色にすべて興奮すると白になり，まったく興奮しなければ黒になり，3種の細胞がいろいろな割合で適当に興奮することで，すべての色をつくり，感じることができると考えられている。この原理を利用しているのがカラーテレビである。図8.4に，光の3原色のうちの2色でどんな色になるかを示した。3原色すべてが加わると白になる。

絵の具の場合，その3原色は，赤紫，黄，青緑である。その色は，光の3原色の色とは異なっている。光の3原色は，その波長の色であるのに対し，絵の具の場合は，特定の波長が除かれた色なのである。白色からある波長の光を除くと，光に色がつくということである。その色を，除かれた光の色の**余色**と呼んでいる。赤紫（マゼンタ）は緑，黄（イエロー）は青，青緑（シアン）は赤の余色となる。つまり，**絵の具の3原色**は，光の3原色の余色となっている。マゼンタは緑，イエローは青，シアンは赤の光を吸収するため，絵の具の3原色すべてを混ぜると黒になってしまう。カラー印刷では，この原理を使って多彩な色を表現している。ただし，理想的な絵の具の3原色であれば黒になるが，実際にはしっかりした黒とはならないため，多色印刷では絵の具の3原色に黒を加えた4色刷りになっている。

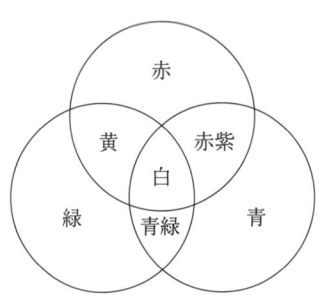

図8.4 光の3原色の加え合わせ

8.5 生体物質による光吸収

8.5.1 可視光領域

可視光（波長：400〜700 nm）領域で最も強い吸収を示すのは，血液中の**ヘモグロビン**，筋肉中の**ミオグロビン**と皮膚組織内にある各種**生体色素**であ

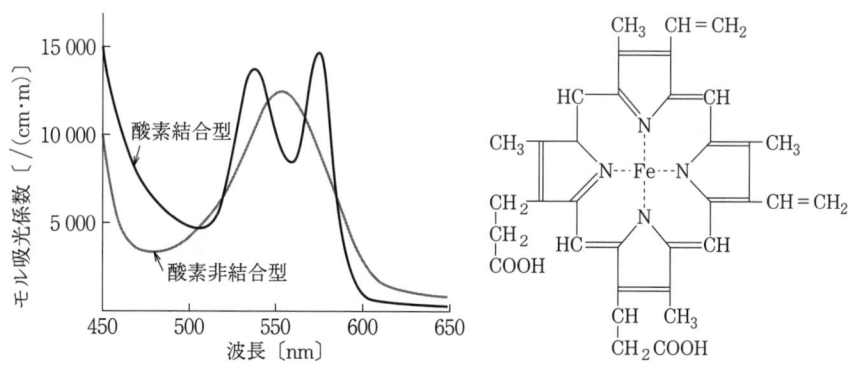

る。図 8.5 にヘモグロビンの吸収スペクトルを示す。500〜600 nm 付近の吸収は，ヘモグロビンに酸素が結合している場合（酸素結合型，オキシヘモグロビン）と結合していない場合（酸素非結合型，デオキシヘモグロビン）で，そのスペクトルが異なっている。それらの吸収極大は，酸素結合型では 415，540，575 nm，酸素非結合型では 430，555 nm となっている。その吸収は，ヘモグロビンを構成しているタンパク鎖による吸収ではなく，図 8.6 に示す**ヘム構造体**による吸収である。ヘム構造体は酸素分子との親和性が高く，酸素分子は中心部にある Fe^{2+} と結合する形で組織に運ばれる。Fe^{2+} に酸素がある場合とない場合で，そのスペクトルが変化している。この特性を利用することにより，血液中の酸素濃度を測定することができる。**パルスオキシメータ**はこの原理に基づいており，8.7.1 項で詳しく述べる。

図 8.5　ヘモグロビンの吸収スペクトル [1]　　図 8.6　ヘムの構造

　ヘモグロビンが酸素の**輸送タンパク質**であるのに対し，ミオグロビンは酸素の**貯蔵タンパク質**である。その単位構造はほぼ同じであるが，ヘモグロビンが四つのタンパク質から成る四量体であるのに対し，ミオグロビンは一つのタンパク質から成る単量体である。クジラなど水中に潜る動物の筋肉に多く含まれている。そのため，これらの動物の筋肉は赤色が強い。マグロなど赤身魚の筋肉にも大量に含まれている。

　一般のタンパク質，糖質，単純脂質や核酸は，可視領域の光を吸収しない。

皮膚組織に含まれるメラニンに代表される生体色素には，可視光領域だけでなく紫外線もよく吸収するものが多い．

8.5.2 紫 外 線 領 域

波長が200 nm以下の紫外線（波長：10〜400 nm）は，酸素分子や窒素分子に吸収されるため，大気中を通過できない．そのため**真空紫外線**と呼ばれている．その波長域の紫外線が人体へ照射される機会はほとんどないと考えられる．波長が200 nm以上の紫外線に関しては，いろいろな生体物質において吸収が起こる．その結果，生体物質の分解や反応が生じることがあり，生体に

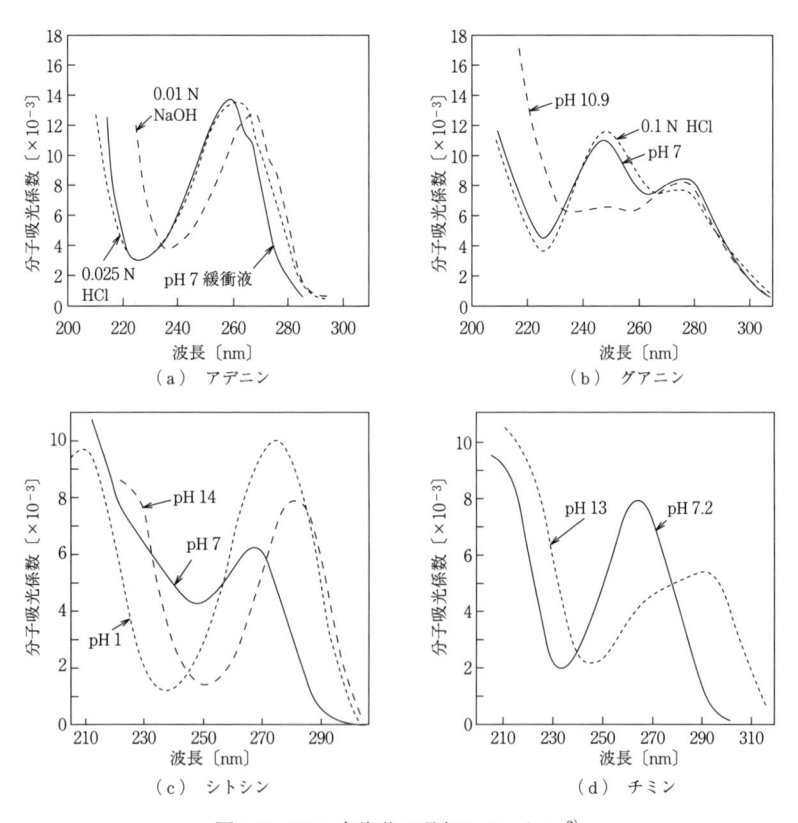

図 8.7　DNA 各塩基の吸収スペクトル[2)]

とって非常に危険な波長の光である．**図8.7**にDNAの各塩基の吸収スペクトルを示す．各塩基とも紫外線領域の光を強く吸収することがわかる．なお，図ではpHによって吸収が異なることが示されているが，これは塩基の構造においてH^+の結合状態が変わるためである．

タンパク質の紫外線吸収は，図2.6に示したアミノ酸の中で，ベンゼン環を有するトリプトファン，チロシン，フェニルアラニンによる．その吸収スペクトルを**図8.8**に示す．また，**図8.9**にリゾチームの吸収スペクトルを示す．破線のスペクトルは，図8.8の各スペクトルを足し合わせた合成スペクトルである．

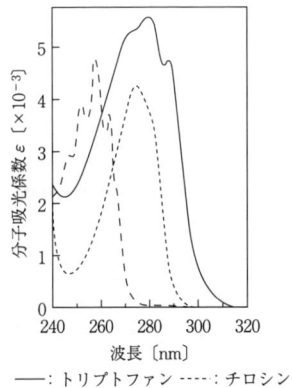

―――：トリプトファン ……：チロシン
- - -：フェニルアラニン
0.1Mリン酸緩衝液（pH 7.0），25℃。
チロシンは3倍，フェニルアラニンは24倍に拡大した。

図8.8 トリプトファン，チロシンおよびフェニルアラニンの吸収スペクトル[3]

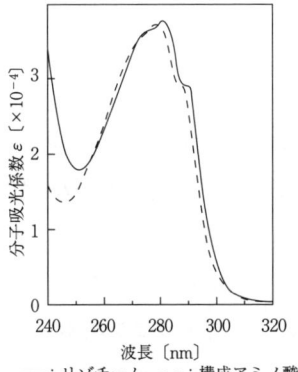

―――：リゾチーム - - -：構成アミノ酸
すべて0.1Mリン酸緩衝液（pH 7.0），25℃。
構成アミノ酸は，トリプトファン：チロシン：フェニルアラニン＝6：3：2である。

図8.9 リゾチームの吸収スペクトルおよび構成アミノ酸の合成スペクトル[3]

すでに述べたように，紫外線の吸収によって生体物質の分解や反応が生じてしまう．その波長によって生体作用が異なることより，紫外線をさらにUV_C，UV_B，UV_Aの三つに分類している．その波長域と生体作用を**表8.1**にまとめた．

UV_Cは，表に示すようにDNAやタンパク質に吸収され，細胞に致死的影響を与える．そのため殺菌灯として用いられている．殺菌灯として一般に用いら

8. 生体の光特性

表 8.1 紫外線の生体作用に基づいた分類とその生体作用

名称	波長域〔nm〕	生体作用
UV_C	180〜280	細胞への致死的作用。 タンパク質，DNA の分解。
UV_B	280〜320	タンパク質，DNA が少し吸収。 日焼け（サンバーン：やけど・色素沈着）の主因。 皮膚癌の発生率が高い。
UV_A	320〜400	生体分子の吸収による影響は少ない。 日焼け（サンタン：色素沈着）は生じる。

れている水銀灯は，254 nm の紫外線を発生することによって殺菌効果を発揮している。太陽光に含まれるこの波長の紫外線は，地球を囲む大気上部に形成されているオゾン層によって吸収され，地上に届かない。そのため，生物は地上でも生存できる。

UV_B は，一部地表に届いてしまう。その波長域の紫外線はいろいろな生体物質に吸収され，**サンバーン**と呼ばれる日焼けの原因となる。サンバーンは赤い日焼けであるが，軽い炎症反応といえる。その炎症は，紫外線の吸収によって表皮細胞が刺激を受けた結果である。紫外線を浴びてから 4，5 日すると，皮膚が褐色になるサンタンを起こす。皮膚の色素細胞（メラノサイト）が紫外線の刺激によって**メラニン色素**をつくるためである。メラニンは紫外線を吸収する能力が高く，体を紫外線から守る働きをしている。しかし，この波長域の紫外線が皮膚を構成しているコラーゲンやエラスチンに吸収された場合，これらを劣化させ，深いしわを形成してしまう。さらに DNA への吸収により，その構造の変化をもたらし，**皮膚癌**の発生率を高めることが知られている。

UV_A は，おもな生体物質には吸収されない波長域の紫外線である。しかし，リボフラビンなどこの波長域の紫外線を吸収する物質もあり，その物質の紫外線吸収によって生じた活性酸素などの二次成分が生体に影響を与えるといわれている。また，メラノサイトを刺激してメラニン色素を産生させる日焼け（サンタン）を起こさせるため，日焼けサロンで用いられている波長である。UV_A は発赤や炎症を伴うことはないが，真皮の深部まで到達し，しわやたるみの原因になるといわれている。光の透過深度については，8.6 節で述べる。

8.5.3 赤外線領域

8.3節において，赤外線（波長：700 nm〜1 mm）は分子の**振動エネルギー準位**や**回転エネルギー準位**に相当するエネルギーの光であることを述べた。そのため，多くの物質に吸収され，生体物質にも吸収される。吸収された電磁波エネルギーは分子の動きを活発化させることになり，**熱としての作用**となる。**図8.10** に，体の主要構成物質である水の吸収特性を示す。水は波長が1 400 nm（1.4 μm）程度以上の赤外線を強く吸収することがわかる。反対に波長が1.4 μm以下の赤外線領域では，水による吸収やヘモグロビンによる吸収が少ない。波長が2.5 μm以下の赤外線を**近赤外線**と呼ぶが，近赤外線が体を透過しやすい理由となっている。光の透過については次節で述べる。

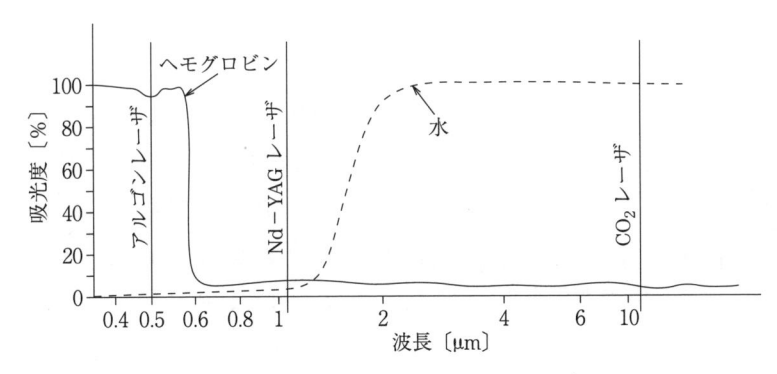

図8.10 水とヘモグロビンの吸収特性 [4]

8.6 光の反射・透過・散乱・減衰

単結晶などの均質な物質に光を照射した場合，一部が反射され，物質内を透過する光は屈折して進む。物質内では，すでに述べたように特定波長の光の吸収も生じる。アルミナの**単結晶**であるルビーやサファイヤの場合である。一般の物質は**多結晶構造体**であり，その結晶面があらゆる方向を向いている。そのため光はすべて反射されてしまい，内部に侵入することが困難となる。ガラスのように**結晶構造を持たない物質**では，単結晶の場合と同様に，光が透過す

る。生体組織はどちらかといえば不均一な構造体であり，明瞭な結晶面を持たないため，一部の光は内部に透過することができる。しかし，大部分の可視光は反射や散乱によって内部に侵入しない。そのとき，皮膚色素やヘモグロビンなどによる吸収の程度によって体の色が決まる。生体内に侵入した光は，散乱によって急速に減衰する。生体内にはいろいろな大きさの構造体が存在するためである。散乱は波長に依存し，波長が小さいほど透過深度が浅くなる。また，生体物質による吸収によっても減衰する。図 8.11 に，各波長の光線が皮膚を透過する程度を模式的に示す。

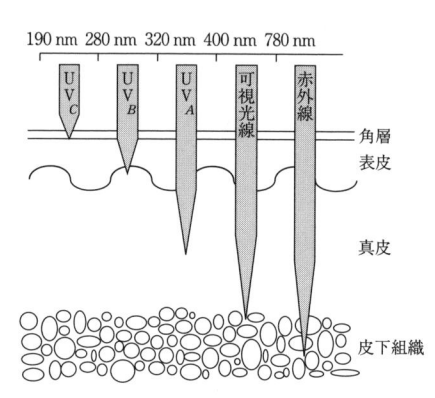

図 8.11 太陽光線が皮膚を透過する能力を模式的に表した図[5]

太陽光の UV_C はオゾン層に吸収されるため地上には達しないが，UV_C が照射された場合においても大部分の UV_C は角質層で散乱・吸収されて表皮には届かないといわれている。ただし，目に対する影響（後述）には注意が必要である。UV_B は表皮層まで届き，すでに述べたようにサンバーンやサンタンを引き起こす。UV_A は表皮を透過して真皮層に達し，色素分子に吸収され，二次的に産生する活性物質が生体に影響を与える。可視光線は皮下組織の上部まで達し，赤外線はさらに深くまで透過することが知られている。赤外線の吸収は，水による吸収が支配的と考えてよい。そのため，水による吸収が起こらない波長 1.4 μm 以下の近赤外線は生体内部まで透過することができる。図 8.12 に，皮膚の赤外線透過率を示す。なお，水は 210〜1 400 nm の波長以外の光はよく吸収する。

光による影響で最も注意すべきなのは目に対する障害である。紫外線が照射された場合には角膜と水晶体に障害が起こり，角膜表層炎や白内障となる。可視光と波長 1.4 μm 以下の近赤外線は角膜，水晶体，硝子体を透過するため，レーザ光などの強い光が照射された場合，熱作用によって網膜の損傷が起こ

図 8.12 皮膚の赤外線透過率[4]

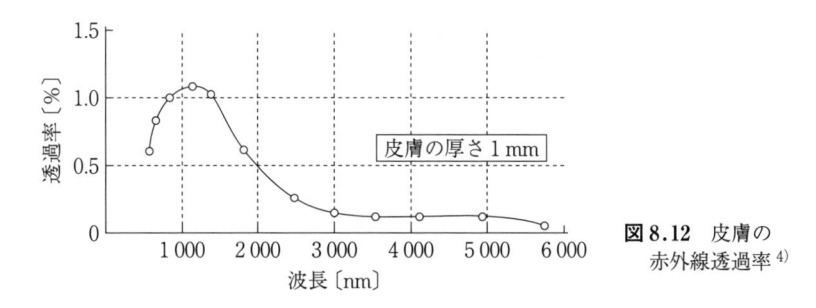

る。波長が 1.4 ～ 2.5 μm の近赤外線は水晶体まで透過し，白内障を生じさせることがある。より波長が長い赤外線では，眼球表面でほとんど吸収され，パワーが大きければ角膜に損傷を起こすことが知られている。

8.7 光の医療応用

8.7.1 パルスオキシメータ

　パルスオキシメータは，経皮的に**動脈血酸素飽和度**と**脈波数**を測定する装置である。その原理は，ヘモグロビンの光吸収特性が図 8.5 に示すように，酸素の結合状態によって変化することに基づいている。現在用いられている一般的なパルスオキシメータは，指先や耳に発光部と受光部から成るプローブを装着する。発光部には 2 種類の発光ダイオードがあり，660 nm と 940 nm の波長の光を毎秒 500 回以上点滅する。光は，つめや皮膚，その他の組織を透過して受光部に到達する。その光は，動脈血，静脈血，その他の組織による吸収と散乱によって減衰するが，静脈やその他の組織による影響が一定であるのに対し，動脈血に起因する減衰は動脈拍動に従って変動する。その変動成分を基に，動脈成分による吸光データを取得し，動脈血の酸素飽和度を表示している。また，拍動の状態から脈波計としても用いられている。動脈血の酸素飽和度や脈拍数を簡便に計測できるため，麻酔管理や手術中の集中治療室での患者のモニター，在宅酸素療法の患者指導などに用いられている。さらに，小型・腕時計型のものは，運動時における健康モニターとしても用いられている。

8.7.2 サーモグラフィ

　赤外線は，絶対零度以上の温度を持つすべての物質から放射されている。その放射量は絶対温度の4乗に比例するため，その放射量から物質の温度を測定することができる。生体の表面からも当然ながら赤外線が放出されており，サーモグラフィ（赤外線診断装置）はその赤外線量から体表面の温度分布を測定し，画像化する装置である。血行障害や乳癌の検査などに用いられている。

8.7.3 レーザ手術装置

　レーザ光線（laser）は，Light Amplification by Stimulated Emission of Radiation（放射の誘導放出による光の増幅作用）の頭文字をとったものである。3節で述べたように，高い電子軌道エネルギー状態から低い状態に遷移する場合，物質によっては光を発することができるが，その発光を増幅したものがレーザである。その仕組みを簡単に述べると，発光する媒体を平行な2枚の鏡でサンドイッチにしている。放射された光について鏡での反射を繰り返すことにより発光量を増幅するが，一方の鏡はハーフミラーであるため，強い光となった状態で外部に取り出すことができる。レーザ光は，鏡で反復して増幅される過程で，自然光とは非常に異なった性質となる。その特徴は，波長幅が狭く**単色性**が高いことであり，また**位相**がそろっていることである。その結果，レーザ光は，指向性，集光性，干渉性に優れた光となる。そのため，レーザの持つ光エネルギーをきわめて小さな1点に集光することができる。また，光エネルギーの強度を調節することも容易であるため，1961年に網膜剝離の手術にレーザが初めて使われて以来，治療用手法として広く用いられている。網膜の場合，レーザ用コンタクトレンズをつけることによって角膜や水晶体，硝子体にはなんの影響も与えずにその奥の網膜にだけ集光できるため，非常に有効な手法となるわけである。高出力のレーザを利用したレーザメスでは，出血が少ないことが利点とされている。また，アザやシミの脱色など皮膚科分野でも広く用いられている。さらに最近では，内視鏡にレーザを組み合わせたレーザ内視鏡を使って，腫瘍などの治療にも用いられている。

9. 生体の放射線特性

医療の分野に放射線が用いられたのは，1895年のレントゲンによるX線の発見に始まる。レントゲンは，放電管から未知のエネルギーが発生することを偶然に見いだし，それをX線と名づけた。翌年には，ベクレルによりウラニウムが発見され，さらにキュリー夫妻によるラジウム発見へと続き，人類はいろいろな放射線を使うことができるようになった。そもそも放射線とはいかなるものであるのか，医療において放射線でどのようなことができ，生体にはどのような影響を与えるのか，それが本章のテーマである。

9.1 放射線の種類

放射とは，物体から電磁波や粒子が放出される現象である。電磁波や粒子の軌跡を線とみなし，放射されたそれらの電磁波や粒子を放射線と呼んでいる。放射線の種類と発生源を**表9.1**にまとめた。

電波や光も放射線に含まれるが，一般にいう放射線は**電離放射線**を意味している。電離とは，物体の電子をはじき飛ばし，イオン化することである。電離放射線は，高エネルギーを持つ放射線であり，電離作用を起こすことができる。本書でも，これ以降の記述における放射線は電離放射線を意味している。

多くの**放射性同位元素**（radioisotope，RI）では，その崩壊によりα線，β線，γ線を発生する。α線はヘリウム原子から2個の電子がぬけたヘリウムイオンであり，β粒子は電子である。γ線は最も波長が短い（振動数が大きな）電磁波である。電磁波のエネルギーは，振動数×プランク定数 で与えられるため，エネルギーが最も大きな電磁波である。X線はγ線のつぎに波長が短い

9. 生体の放射線特性

表 9.1 放射線の種類と発生源

電離性	名称	電荷	発生源	区別
非電離放射線	電波 赤外線 可視光線 紫外線			電磁波
電離放射線	X線 γ線		X線発生装置，軌道電子 放射性同位元素	
	α線 β線（電子線） 陽電子線 陽子線 中性子線 重粒子線	$+2e$ $-e$ $+e$ $+e$ 0 $>+2e$	放射性同位元素 放射性同位元素，電子線発生装置 放射性同位元素など 陽子線発生装置など 中性子線発生装置，放射性同位元素 シンクロトロンなど	粒子線

電磁波であり，γ線同様に電離作用を起こすことができる。

9.2 放射線に関する単位

　放射線の分野ではいろいろな単位が使われるため，まず単位を**表 9.2**にまとめた。現在の単位は SI 単位であるが，参考のために旧単位も載せた。

表 9.2 放射線で用いられる単位

対象量	単位の名称	表記記号	旧単位
放射能	ベクレル	〔Bq〕	キュリー 〔Ci〕
照射線量		〔C/kg〕	レントゲン 〔R〕
吸収線量	グレイ	〔Gy〕	ラド 〔rad〕
線量当量	シーベルト	〔Sv〕	レム 〔rem〕

　放射能の量，すなわち放射線を出す能力を表す単位はベクレル〔Bq〕であり，単位時間当りの原子核崩壊数〔崩壊数／秒〕を意味している。旧単位のキュリー〔Ci〕は，キュリー夫妻にちなんだ単位であり，ラジウム 1 g が持つ放射能を 1 Ci とした。1 Ci $= 3.7 \times 10^{10}$ Bq となる。

　照射線量は，γ線および X 線をどれほど与えたかの尺度である。単位の名称はなく，γ線や X 線を空気 1 kg に照射した場合，電離により発生する正イオ

ン（または負イオン）の電荷が1C（クーロン）となる線量の単位である。1C/kgの照射では，1kgの空気中に 6.241×10^{18} 個のイオン対が生じる。旧単位であるレントゲン〔R〕はCGS単位であり，空気 $0.001293\,\mathrm{g}$（0℃，1気圧で $1\,\mathrm{cm}^2$）に1静電単位（$1\,\mathrm{esu} = 3.3375 \times 10^{-10}\,\mathrm{C}$）の電気量に相当する正イオン（または負イオン）を生じさせる照射量である。たがいの関係は，以下のようになる。

$$1\,\mathrm{R} = 2.58 \times 10^{-4}\,\mathrm{C/kg}, \quad 1\,\mathrm{C/kg} = 3876\,\mathrm{R}$$

粒子線照射の場合は，フルエンスという量が用いられる。詳細は省略するが，単位面積を通過する放射束のエネルギー量であり，単位は $\mathrm{J/m}^2$ となる。

吸収線量は，放射線エネルギーが物質にどれだけ吸収されるかを表す尺度である。単位としてグレイ〔Gy〕が用いられ，物質 $1\,\mathrm{kg}$ 当りに吸収される $1\,\mathrm{J}$ のエネルギー量が $1\,\mathrm{Gy}$ である。旧単位のラド〔rad〕はCGS単位であり，物質 $1\,\mathrm{g}$ 当り $100\,\mathrm{erg}$（エルグ）のエネルギー吸収を基準とする。たがいの関係は，以下のようになる。

$$1\,\mathrm{rad} = 0.01\,\mathrm{Gy}$$

線量当量は，放射線の生物的効果の尺度である。放射線が生物に与える影響は放射線の種類によって異なるため，共通の尺度で表すための量である。次式から求められる。

線量当量 ＝ 吸収線量〔Gy〕 × 放射線荷重係数

放射線荷重係数は，放射線の種類やエネルギーの違いにより生物に及ぼす効果の違いを比で表した次式の生物学的効果比（relative biological effectiveness, RBE）に基づいている。基準の放射線としてX線またはγ線が用いられる。

生物学的効果比 RBE

$$= \frac{\text{ある生物学的変化をもたらすのに要した基準放射線（200\,kVのX線）の線量}}{\text{同じ生物学的変化をもたらすのに要したその放射線の線量}}$$

生物学的効果比は，急性傷害，発癌，細胞死などの影響が放射線の種類によって異なり，また，ヒトに対する影響を実験的には求めることができないため，

国際放射線防護委員会（International Commission on Radiological Protection, ICRP）が規定した放射線荷重係数が用いられている．その係数を**表9.3**に示す．X線やγ線は基準の放射線であるため，荷重係数は1となる．また，β線は1，エネルギー2 MeV以上の陽子線は5，中性子線はエネルギーにより5〜20，α線は20とされている．

表9.3 放射線荷重係数

放射線の種類	荷重係数
X線, γ線	1
β線	1
陽子線	5（エネルギー2 MeV以上）
中性子線	5〜20（熱中性子：5）
α線	20

熱中性子とは，中性子が原子核と衝突を繰り返して減速し，媒質中の分子の熱運動と平衡に達した中性子をいう．エネルギーが小さい中性子といえる．

9.3 放射線と物質の相互作用

放射線の物質への作用は，**一次作用**と**二次作用**に分けられる．一次作用は，放射線が物質に衝突し，物質を構成している分子などから電子をはじき飛ばす**電離反応**によって起こる初期過程である．電離により生じたイオンは非常に不安定であるため，分解や他分子との反応が生じる．また，この過程では電離のみならず分子の励起による分解なども起こり，他分子との反応が生じる．はじき飛ばされた電子は二次電子と呼ばれるが，十分に高い運動エネルギーを持っており，他の分子と衝突して電離作用あるいは励起作用を起こす．二次作用は，生成したイオンやラジカルが他の分子と反応し，最終生成物となる過程である．生体を構成する主成分である水を例にとり，どのような反応が生じるのかおもな反応を具体的に述べることにする．なお，**ラジカル**とは，不対電子を有する原子・分子・イオンを意味している．詳細な説明は省略するが，電子は二つで対を構成している状態が最も安定であり，一つの状態の場合は「不対電子を持っている」という．以下の化学式では・H_2O^+などがラジカルであり，不対電子を「・」で表記している．ラジカルは不安定であり，言葉を換えると

エネルギーが高く，他の分子との反応により安定な構造になろうとする。それが水素引き抜き反応であり，また再結合反応などである。

- 一次作用

    電離反応　　　$H_2O \rightarrow \cdot H_2O^+ + e^-$

    生成した $\cdot H_2O^+$ は非常に不安定であるため，分解や，他の水分子との反応を起こす。

    $$\cdot H_2O^+ \rightarrow H^+ + \cdot OH$$
    $$\cdot H_2O^+ + H_2O \rightarrow H_3O^+ + \cdot OH$$

    励起反応　　$H_2O^* \rightarrow \cdot H + \cdot OH$

- 二次作用

    水素引き抜き反応
    $$R\text{-}H + \cdot OH \rightarrow \cdot R + H_2O$$
    $$R\text{-}H + \cdot H \rightarrow \cdot R + H_2$$
    $$\cdot R + R' \rightarrow R\text{-}H + \cdot R'$$
    など

    再結合反応
    $$\cdot OH + \cdot OH \rightarrow H_2O_2$$
    $$\cdot H + \cdot OH \rightarrow H_2O$$
    $$\cdot R + \cdot H \rightarrow R\text{-}H$$
    など

放射線の種類が異なっていても，基本的には上記の反応が生じる。電磁波である γ 線や X 線では**粒子（光子）**としての性質が発揮され，分子などを構成している電子との衝突による電離反応がおもな初期過程となる。これを**コンプトン効果**と呼んでいる。

9.4 放射線による生体への影響

生体が放射線を照射された場合，生体を構成している物質が**分解**や**修飾**を受け，その構造や性質が変化することにより影響が生じる。重篤な場合には細胞死をもたらしてしまう。また，DNA の損傷は**発癌**や**遺伝的傷害**をもたらす。

その放射線作用には，**図9.1**に示すように直接作用と間接作用がある。**直接作用**とは，DNAやタンパク質自体が放射線と相互作用することによって変化をきたすことである。電離作用や励起作用により，分解や修飾反応が生じる。**間接作用**とは，水の放射線分解によって生じたラジカルによる反応である。放射線の一次反応は物質の性質によらず，その量に比例して生じる。これは，放射線はエネルギーが高いため，はじき飛ばす電子の性質つまりどのような結合状態にあるかによらず，その数に比例するためである。体を構成している物質のうち最も量が多いものが水であるため，**水の放射線分解**で生じた活性化学種が生体を構成している物質と反応する間接反応が起こる。

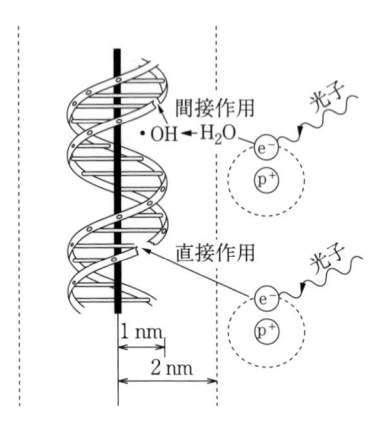

図9.1 DNAがX線またはγ線から受ける直接作用と間接作用[1]

大線量の放射線照射によって細胞膜や細胞質の機能障害が生じるが，放射線による生体への影響で最も深刻な影響をもたらすのは**DNAの損傷**である。また，生体物質のうちDNAが最も放射線の影響を受けやすい。放射線の照射により，DNAの塩基損傷，塩基の遊離，鎖切断，架橋形成などが起こることが知られている。DNAに対する放射線作用に関して，おおよそ1：2から1：3で間接作用の寄与が大きいといわれている。水の放射線分解によって生じた・OHラジカルや・Hラジカルなどによって，DNA損傷が生じているわけである。

放射線の影響の受けやすさ，言葉を換えると**放射線感受性**は細胞によって異なっている。この違いは，放射線治療や放射線の人体に対する影響を評価する上で非常に重要であり，癌の放射線治療を行うときの線量決定や放射線防護の基礎となっている。細胞の放射線感受性をまとめたものにベルゴニー–トリボンドーの法則がある。この法則がすべての細胞にあてはまるわけではないが，

組織の放射線感受性を考慮するときの基本概念となっている。

ベルゴニー−トリボンドーの法則
① 細胞は分裂頻度が高いほど放射線感受性が高い。
② 将来，分裂回数が大きなものほど放射線感受性が高い。
③ 形態および機能において未分化のものほど放射線感受性が高い。

各組織の実際の放射線感受性を**表9.4**にまとめた。放射線感受性が最も高いのは，細胞分裂を行っている精巣細胞，卵巣細胞と造血細胞である。リンパ球は分化成熟している細胞でありながら感受性が高い。腸上皮の細胞は分裂が盛んであり，感受性が高い。水晶体は上皮細胞の感受性が高く，放射線により混濁などが起こる。感受性が低いのは，肝臓，筋組織，骨皮質などである。神経組織や脂肪組織の感受性が最も低い。しかし，感受性が低い細胞から形成されている組織でも，組織内にある小血管は感受性が高いため，血行障害などによって二次的に組織障害が起こることがある。

表9.4 組織，臓器の放射線感受性

放射線感受性	組織，臓器
高い ↑↓ 低い	造血組織（骨髄），リンパ組織 生殖組織（精巣，卵巣） 小腸上皮 水晶体上皮 皮膚，肺，腎臓 肝臓 筋肉 骨皮質 神経組織（脳，脊髄），脂肪組織

9.5 放射線の医療応用

9.5.1 放射線診断

X線が人体を透過する性質を利用し，その透過画像によって診断を行う方法である。肺のように空気が多い組織や軟組織ではX線透過量が多く，骨組織では透過量が少ないため，その違いを画像として構成している。X線の吸収が

大きい物質でつくられた**造影剤**を投与してコントラストを出す方法も用いられている。消化管造影では硫酸バリウムが，尿管や血管の造影ではヨードなどが用いられている。

　X線を発生させる方法の基本的な原理はレントゲンによる方法と同じである。陽極で発生させた電子を真空中高電圧下で加速し，陰極側のタングステンに衝突させることによってX線を発生させている。発生するX線は種々の波長のものを含んでいる。長波長のX線は透過性が弱く，軟X線と呼ばれる。加速電圧を高めるほど透過性が高い短波長のX線（硬X線）を発生することができる。

　診断に用いるX線画像には，フィルムに感光させる写真法と，蛍光版上に動画画像を得る蛍光法がある。また，最近は透過X線を検出器で受け，デジタル信号に変換し，さまざまな画像処理を施して再構成する方法が盛んに用いられている。**コンピュータ断層撮影法**（Computed Tomography，**CT**）は，人体に薄いX線ビームを多方向から照射し，その透過X線量を計測し，断層面のX線吸収値分布像を再構成する方法である。CTは，取得したデータから任意の断面画像や三次元画像を再構成することが可能であり，多くの施設で用いられている。

9.5.2 核医学検査

　放射性同位元素を用いて診断・治療し，病態を解明する方法である。患者にRIを標識した物質（放射性医薬品）を投与し，その生体分布，経時的変化，吸収・排泄などの生体内動態を調べている。また，放射免疫検査法などの体外における検査試薬としても放射性同位元素が用いられている。

9.5.3 放射線治療

　癌細胞は細胞分裂を行っており，多くの正常細胞よりも放射線の障害を受けやすい。そのため，悪性腫瘍部位に放射線を照射する方法が，治療手法として用いられている。体外から腫瘍部位に放射線を照射する方法が一般的である

が，管や針に密封した放射性物質などを腫瘍に刺入する組織内照射の方法も用いられている．放射線照射では，X線と電子線の照射が一般的であるが，シンクロトロンやサイクロトロンによってつくり出される陽子線や重粒子線も用いられている．

9.6 放射線の安全性

放射線障害は，身体的影響と遺伝的影響に分類される．身体的影響は，被ばく直後から数週間以内に起こる早期障害と，数か月から数年後に起こる晩期障害（後期障害）に分類されている．全身に被ばくした場合，数時間以内に，食欲不振，悪心，嘔吐，下痢，発熱等が生じ，紅斑や水疱などの皮膚障害も起こる．これらは細胞損傷による炎症反応といえる．被ばく量が多い場合には，その後，骨髄や消化器障害，脱水などの多彩な障害が生じ，多臓器不全となり死に至る．X線やγ線で全身被ばくした場合の線量と障害を**表9.5**にまとめた．

表9.5 全身被ばく線量による障害[2]

被ばく線量〔Gy〕	障害	発症時期	症状
数百以上	分子死	瞬時 ～ 数時間	生命活動の停止
数十 ～ 数百	脳死	数時間 ～ 数日	中枢神経の破壊
5 ～ 20	腸管死	数日 ～ 2, 3 週間	腹痛，下痢，嘔吐など
2 ～ 5	骨髄死	数週間 ～ 2 か月	血球減少，出血，感染
1 ～ 2	後期障害	数年 ～ 数十年	組織の機能低下（免疫力低下，発癌，遺伝的影響）

被ばく線量と個体死の関係を集団で見た場合，ある線量のところから死亡が生じ始め，しだいに死亡数が増加し，最後にある線量のところで全員が死亡する．死亡率と線量の関係をグラフに表すと，シグモイド（S字状）の曲線となる．集団の50%が死亡する線量を**半致死線量**（50 % lethal dose，**LD$_{50}$**）と呼ぶ．この値は，生物の種の間における放射線感受性を示す指標として用いられる．**表9.6**に，いろいろな生物のLD$_{50/30}$を示す．LD$_{50/30}$とは30日後に50 %

表9.6 いろいろな生物のLD$_{50/30}$[2]

生物種	LD$_{50/30}$ [Gy]
アメーバ	1 000
大腸菌	100
マウス	10
ヒト	4 (LD$_{50/60}$)
イヌ	3
ブタ	2
ヒツジ	1.5

の個体が死亡する線量である。**白血病治療**に伴う骨髄移植の際には4 Gyの全身照射が行われているが、これは腫瘍化した骨髄の細胞を完全に死滅させるためである。健康人の骨髄を移植することにより、白血病からの回復と致死量被ばく線量の影響から脱することが可能となる。

放射線による人体への影響を基にして、線量の限界が決められている。**表9.7**に、ICRPによる線量限界の勧告値を示した。職業被ばくとは、職業上で放射線に被ばくする場合で、原子力発電や医療施設などでの従事者が該当する。公衆被ばくとは、自然界から受ける被ばくであり、宇宙からの放射線や岩石などに含まれている放射線同位元素によって生じる。

患者の医療被ばくは、被ばくによって便益を受ける場合のため、表9.7の線量限界は適用されない。参考までに、1回のX線診断で受ける平均線量を**表9.8**に示した。

表9.7 線量限界の勧告値 (ICRP, 1990)[1]

組織	職業被ばく [mSv/年]	公衆被ばく [mSv/年]
水晶体	150	15
皮膚	500	50
手および足	500	

表9.8 X線検査で受ける平均線量

検査	部位	線量	検査	部位	線量
一般X線	頭部	0.1	X線CT	頭部	2.4
	胸部	0.4		胸部	9.1
	胃（バリウム）	3.3		上腹部	12.9

単位：[mSv]

付録（生体物性の要点）

1. 一般的性質

生体は，均質な物質ではなく，階層的な物質
生体構造の階層性： 個体 ― 器官系 ― 器官 ― 組織 ― 細胞 ― 分子
　　　構成物質： 水，電解質，タンパク質，脂質，糖質，核酸
　　　主要4元素： C, H, O, N

1.1 生体物性の特徴

異方性： 方向によって性質が異なる。
　　　　　……筋組織，血管の力学的特性，電気的特性
非線形性： 入力に対し，応答が比例しない。小さな刺激では反応せず，閾値以上で反応。
　　　　　……血管の引張り挙動，血液の粘度，細胞膜の電気的特性
周波数依存性： 周波数によって応答が変化。
　　　　　……組織の電気定数特性（導電率，誘電率），超音波の減衰，光の吸収
温度依存性： 温度によって性質が異なる。
　　　　　……生化学反応の特性
粘弾性： 粘性と弾性を合わせ持った粘弾性変形
　　　　　……組織の力学的特性
経時変化性： 経過時間によって性質が異なる。
　　　　　……日内リズム，季節リズム，老化

1.2 生体の情報処理と制御

① 高分子の分子構造に組み込まれた情報……核酸（遺伝情報），タンパク質
② 神経細胞の興奮インパルスによる信号伝送系……神経伝達情報
③ ホルモンなどの内分泌物質による信号伝送系……化学物質による情報伝達
④ フィードバックシステム……基本はネガティブフィードバック

2. 生体の電気的特性

受動的特性： 物質としての電気特性……感電（電撃）
能動的特性： 生体電気現象……神経伝達，筋運動…心電計，筋電計，脳波計
　　機能的電気刺激は，受動的特性に基づいて能動的特性を誘導。
受動的特性： 外部から加えられた刺激に対して単に物質として振る舞う性質。
　　　　　　エネルギーは使わない。
能動的特性： エネルギーを消費して行う。物質やイオンを濃度勾配に逆らって
　　　　　　移動させる性質。

2.1 受動的電気特性

物質の電気定数： 導電率 σ，誘電率 ε，透磁率 μ
　生体物質： 導電率と誘電率が重要……生体物質の多くは磁性体ではない。
　　　　　　　　　　　　　　　　　　生体は非磁性体と考えてよい。
　導電率 σ： 抵抗率の逆数……電気の通りやすさ
　　　　　　　…単位長当りのコンダクタンス，単位：S/m（S：ジーメンス）
　　抵抗率 ρ　単位：$\Omega\cdot$m
　　　　導線の抵抗 R は，長さ l に比例，断面積 S に反比例。
$$R = \rho \frac{l}{S}$$
　誘電率 ε： 電場が加えられたときの遮蔽率……電気のたまりやすさ
　　　　単位：F/m（ファラデー毎メートル）
　　静電容量：$C = \varepsilon_0 \varepsilon_r \dfrac{A}{L}$
　　　　（ε_0：真空の誘電率，ε_r：物資の比誘電率，A：面積，L：距離）

2.1.1 細胞の電気特性

細胞： 細胞外液 ― 細胞膜 ― 細胞内液
　細胞外液： 水＋電解質
　細胞内液： 水＋電解質
　細胞膜： 脂質2重層，　厚さ：数 nm
　　　　　膜内部の疎水性部分……電気を通さない。…コンデンサー
　細胞外液　細胞内液とほぼ同じ。
　　　　　　導電率：　$10 \sim 50$ mS/cm
　　　　　　抵抗率　血漿：66 $\Omega\cdot$cm，　組織：$20 \sim 100$ $\Omega\cdot$cm
　　　　　　比誘電率：　70

| 細胞内液 | 導電率： $3 \sim 30$ mS/cm |
| 抵抗率　神経細胞：$30 \sim 60$ $\Omega \cdot$ cm，　筋細胞：$200 \sim 300$ $\Omega \cdot$ cm |
| 比誘電率： $50 \sim 80$ |

細胞膜　静電容量： $1 \sim 10$ μF/cm^2（筋細胞膜は大：10 μF/cm^2）
　　　　電気抵抗： 500 $\Omega \sim 10$ kΩ/cm^2
　　　　比誘電率： 8

2.1.2　電気的特性による組織の分類

細胞相互の結合が密で，細胞内・外液が少ない．
　　　　　　　　……皮膚組織（数十 $\Omega \sim$ 数 kΩ），結合組織，脂肪組織（，骨）
細胞相互の連絡がほとんどなく，細胞外液が極端に多い．……血液
細胞内・外液が中程度……一般の大部分の組織
　　　生体組織の電気抵抗　　骨＞脂肪＞内臓＞筋肉組織＞神経組織＞血液

2.1.3　生体電気特性の特異性

電気特性の異方性　骨格筋　直角方向： $1\,000$ $\Omega \cdot$ cm
　　　　　　　　　　　　　繊維方向： 500 $\Omega \cdot$ cm
非線形性　　電撃刺激の反応　　電流の強さで異なった影響　　閾値
周波数依存性
　電撃刺激の反応　　電流閾値に周波数依存……$50 \sim 60$ Hz で最も低い．
　導電率，誘電率の周波数依存
　α 分散：（1 kHz 以下）イオンの集積の影響．
　　　　　電界の変化が遅ければ，細胞と細胞外液の境界にイオンが容易に集まる．
　　　　　多くのイオンが集積．……大きな誘電率
　　　　　周波数が高くなると，イオンの移動が電界の変化に追従できず，イオンの往復運動に電界エネルギーを消費．
　β 分散：（数十 kHz $\sim$ 数十 MHz）細胞レベルの不均一構造により生じる．
　　　　　低周波数では，電圧はすべて絶縁膜にかかるので誘電率が高い．高周波数では，コンデンサーとしての細胞膜が短絡して電解質の性質となる．その変化を反映．
　　　　　筋肉：数十~ 200 kHz，　　皮膚：数百 Hz，　　血液：$2 \sim 5$ MHz
　γ 分散：（20 GHz 付近）水の特性により生じる．
　　　　　周波数が非常に高くなると，電気双極子としての水の動きも電界に追随できず，誘電率が減少．その微小振動に電界エネルギーを消費．

2.1.4 生体組織の電気的等価回路

コンデンサーと抵抗器の並列回路が基本単位。

細胞外液，細胞膜，細胞内液……三つの GC 並列回路

生体組織中の電流は，その周波数によって流れ方が異なる。

細胞膜……コンデンサー

  低周波……細胞外を通過。…細胞外液の G
  中周波……細胞内も通過。…細胞内・外液の G，細胞膜の C
  高周波……細胞内・外液の C も無視できない。

2.2 能動的電気特性

細胞の膜電位

 細胞内外の陽イオン

  細胞外液： Na^+ (143 mEq/l)， K^+ (4) …… Na^+ が多い。

  細胞内液： K^+ (157)， Na^+ (14) …… K^+ が多い。

静止電位：細胞外に対し細胞内膜は負に帯電（$-70 \sim -90$ mV 程度）。

 電位発生理由 K^+ イオンチャネルを通り，内から外へ K^+ イオンが漏れる。
       Na^+ イオンの移動は少ない。

 刺激（興奮状態）……イオンチャネル開…… Na^+ が細胞内に流入。…脱分極
              膜電位（＋）に変化。…過分極

 刺激解消…… Na^+-K^+ ポンプ……能動輸送……再分極

膜電位の式……1 種類のイオンの場合…ネルンストの式
     多種類のイオンの場合…ゴールドマンの式

$$V_m = \frac{RT}{F} \ln \frac{P_K[K^+]_o + P_{Na}[Na^+]_o + P_{Cl}[Cl^-]_i}{P_K[K^+]_i + P_{Na}[Na^+]_i + P_{Cl}[Cl^-]_o} \quad (\text{ゴールドマンの式})$$

  P：各イオンの膜透過係数

   静止状態： $P_K : P_{Na} : P_{Cl}$ = 1 : 0.04 : 0.2
   興奮状態： $P_K : P_{Na} : P_{Cl}$ = 1 : 20 : 0.23

■ 神経の能動的性質

 神経の構成： 細胞体（核，樹状突起）— 軸索（ミエリン鞘）— 終末分岐

 跳躍伝導 ランビエ絞輪……膜露出…… Na^+ チャネル，K^+ チャネルが集中。
     ミエリン鞘……絶縁性が高い。厚いため電気容量も少ない。
       ……局所電流は絞輪から絞輪へ流れる。…迅速な伝導

中枢神経
　約1000億の神経細胞（ニューロン）
　1000～2000の細胞と相互作用……1000～2000シナプス（接合部）…並列方式
　　　電気シナプス：　速い伝達
　　　化学シナプス：　神経伝達物質
　　　　　　　Ⅰ型：　アミノ酸……グルタミン酸，γ-アミノ酪酸（GABA）など
　　　　　　　Ⅱ型：　アセチルコリン，カテコールアミン（ドーパミン，アドレナリンなど）
　　　　　　　Ⅲ型：　神経ペプチド（現在，50種類以上同定）

2.3　電流の生体作用

非機能的電気刺激……電撃（感電）
機能的電気刺激
　　感覚器，感覚神経への刺激：　人工内耳，人工視覚，電気麻酔，
　　　　　　　　　　　　　　　　ペインブロック
　　運動器，筋への刺激：　心臓ペースメーカー，歩行補助具
発生する生体作用
　　ジュール熱による発熱
　　神経，筋肉への細胞電気刺激による興奮……心臓停止
　　　　周波数に比例して感電閾値が上昇し，1 kHz 以上で感電しづらくなる。
　　　　1 kHz 以上では，周波数が10倍高くなると10倍感じにくくなる。
　　　　　　理由：　細胞膜に加わる電圧 V が減少。　$V = \dfrac{1}{\omega C} I$
　　　　　　応用：　電気メス…500 kHz ～数 MHz のため，数百 mA が可能。
低周波電流による電撃
　　マクロショック：　皮膚表面を介した感電
　　ミクロショック：　体内挿入器具や手術時における直接感電
　　　　　　　　　　　　　　　　　　……微弱電流で心室細動（心停止）
　　　　マクロショック：　1 mA　最小感知電流，　　10 mA　離脱限界電流
　　　　　　　　　　　　100 mA　心室細動電流
　　　　ミクロショック：　0.1 mA　心室細動電流
高周波電流（数 MHz 以上）：　電撃作用ではなく，発熱作用
　吸収と表皮効果のため，指数関数的に減衰。……組織により異なる。
　　表皮効果：導体の表面部分に電流が集中して流れる現象…高周波の場合
　　　　磁束変化……打ち消す方向に誘導電流（中心部ほど大）。

表皮効果により流れる電流深度 d： 表皮電流の $1/e$ になる深さ

$$d = \left(\frac{2}{\omega\sigma\mu}\right)^{\frac{1}{2}}$$

$\omega = 2\pi f$, σ：導電率（$= 0.5\,\mathrm{mS/cm}$）, μ：透磁率（$= 4\pi \times 10^{-7}\,\mathrm{H/m}$）
$f = 10\,\mathrm{MHz}$ で $20\,\mathrm{cm}$ 程度， $10\,\mathrm{MHz}$ 以下では表皮効果を考慮せず．
$10\,\mathrm{MHz}$ 以上： 波動……電磁波として考える．

表皮効果の深さ d：
　　　大まかに，$100\,\mathrm{MHz}$ で $10\,\mathrm{cm}$ 程度，$1\,\mathrm{GHz}$ で数 cm 程度．
　　　骨や脂肪など含水率の低い組織では，深く到達．……水による吸収
　　　電気特性が異なる組織の境界では，反射・散乱．……共振現象
　　　　　　　　　　　　　　　　　　　　　　　　　　　　…特異な吸収特性

2.4　機能的電気刺激

興奮性細胞に閾値以上の電流を加える．
直流……電極の電気分解により，電極の劣化や金属イオンの溶出などが起こる．
　　　　　　　　　　　　　　　　　　　　　　　　　　　　　　　　…不適
一般には，パルス電流を利用．
　　　……刺激効果はパルス幅（時間），パルス振幅（電流強度），パルス頻度に依存．
レオベース（基電流）：閾値を超えるために必要な最小電流
クロナキシー： レオベースの 2 倍の電流を流したときの興奮に至る最短通電時間
電気刺激のパルス幅： 通常はクロナキシー付近に設定．

2.5　生体にかかわる磁界強度

地球の磁界：$10^{-5} \sim 10^{-4}\,\mathrm{T}$，都市の磁気雑音：$10^{-7} \sim 10^{-6}\,\mathrm{T}$，
酸化鉄粉塵肺による磁界：$10^{-9} \sim 10^{-8}\,\mathrm{T}$，心臓からの磁界：$10^{-11} \sim 10^{-10}\,\mathrm{T}$，
眼球運動に伴う磁界：$10^{-11} \sim 10^{-10}\,\mathrm{T}$，腕からの磁界：$10^{-12} \sim 10^{-11}\,\mathrm{T}$，
脳からの磁界：$10^{-13} \sim 10^{-12}\,\mathrm{T}$，SQUID 磁束計の感度：最大 $10^{-15}\,\mathrm{T}$ 程度

2.6　電磁界の生体作用

直流電磁界
　　静電界： 生体は良好な導電体であるため，生体内は等電位．……作用なし．
　　　　　　ただし，表皮では体毛の逆立ち，コロナ放電による作用の可能性あり．
　　静磁界：
　　　　　　作用対象： ① 常磁性物質（ヘムの Fe^{2+}，酸素など）

② 異方性反磁性体（タンパク質など）
③ イオン流
……大きな磁場強度（数テスラ）でなければ，作用は少ない。

超低周波電磁界（30 ～ 300 Hz）
　　商用交流（50 Hz，60 Hz）……送電線
　　変動磁場 $\begin{cases} 誘導電流（イオン流）による電気刺激作用（250 Hz 以下） \\ 熱作用（250 Hz 以上） \end{cases}$
　　送電線付近の住民の小児性白血病の増加……結論は出ていない。
　　　骨折治療，脳刺激（抗癌剤治療，骨粗鬆症治療）

低周波・中周波・高周波電磁界（300 Hz ～ 300 MHz）
　　　　　　　　　　　　　　　　……電磁波の吸収による温熱作用
　　吸収：　波長により共振。……吸収が異なる。
　　　　含水率（導電率）の大きい組織（筋，神経，内臓など）
　　　　　　　　　　　　……生体表面近くで吸収され，深部に到達しない。
　　　　含水率（導電率）の少ない組織（脂肪，皮膚など）
　　　　　　　　　　　　　　　　……吸収が小さく，深部まで到達。
　　ホットスポット：　電磁波の波長がヒトの全長や部分サイズに近い値
　　　　　　　　　　　　　　　　　　　　　　　　　　……アンテナ
　　$\begin{cases} 数十 MHz での全身共振 \\ 300 ～ 400 MHz での頭部などの部分共振 \\ 400 ～ 2\,000 MH での眼球共振など \end{cases}$

超高周波電磁界
　　吸収と表皮効果のため，深部まで到達しない。
　　組織によって異なる。……水を多く含む組織では浅い。

生体による電磁波のエネルギー吸収量（specified adsorption rate，SAR）
　　生体が電磁界にさらされることによって生じる単位体重当りの吸収電力が 1 ～ 2 W/kg で深部温度は 1 ℃上昇。
　　安全閾値を 1 ～ 4 W/kg と考え，その 1/10 の 0.4 W/kg を安全値とする。

3. 生体の音響特性

音波も電波も波動エネルギー
　　　　　……共通点（波長，振幅，振動数，反射吸収，ドップラー効果など）

116　　　付録（生体物性の要点）

音波： 音響振動であり，振動媒体が必要。……真空中では伝搬しない。
　　媒体が気体，液体のとき 疎密波……縦波…ずり弾性がないため縦波のみ。
　　媒体が固体のとき……縦波，横波，表面波
　（電波： 電磁界振動……真空中でも伝搬。）
音速 V ＝ 振動数 f × 波長 λ
　　　　＝ 344 m/s（20℃）……空気中での音速として
　　　　　　（真空中の電磁波の速さ：30万 km/s）
　　　正確には，$V = 331.5 + 0.6 \times T$（T：温度〔℃〕），20℃で 343.5 m/s
　　　音響振動は，20 kHz で波長 1.7 cm，　1 MHz で波長 0.34 mm

3.1　超　音　波

20 kHz 以上の音波をいう。数 GHz 程度まで発生可能。
（可聴音波： 20 Hz 〜 20 kHz）
同じ振動数では，電磁波より波長は短い。
普通の音波……音源から球面波
超音波： 波長が短いため，直進性が高い。
　　　　パルス状の音波として放射。……時間的・空間的に短い音波
　　　　　　　　　　　　　　　　　　　…指向性，空間分解能が高い。

3.2　超音波の医療応用

診断：超音波画像
　一般的には　　3.5 〜 5 MHz
　　　部位・用途別　　　1 〜 10 MHz
　　　皮膚・特殊部位　　20 〜 30 MHz
治療：　超音波エネルギーの利用
　　理学療法： 温熱作用，マイクロマッサージ作用
　　温熱療法： ハイパーサーミア……癌治療…43℃
　　加熱凝固療法： 50 〜 70℃に加熱……患部を凝固壊死
　　　　　　　　　　メニエール病，前立腺肥大症
　　体外衝撃波砕石術： 尿路結石，胆嚢結石の破砕
　　超音波メス： 刃先の振動（キャビテーション）
　　軟組織破砕吸引術： 白内障手術，脳腫瘍手術
　　歯石除去術

3.3 生体組織と物質の超音波特性

付表 3.1 音速,音響インピーダンス,減衰定数 [1]

	音速 $[\times 10^3 \, \text{m/s}]$	音響インピーダンス $[\times 10^6 \, \text{kg/m}^2/\text{s}]$	減衰定数 $[\text{dB/cm/MHz}]$
血液	1.57	1.61	0.18
脳	1.54	1.58	0.85
脂肪	1.45	1.38	0.63
肝臓	1.55	1.65	0.94
筋肉	1.58	1.70	$\begin{cases} 1.3 \text{ (線維方向)} \\ 3.3 \text{ (線維と垂直方向)} \end{cases}$
頭蓋骨	4.08	7.80	13
肺	0.7	0.26	20
水	1.48	1.48	0.002 2
空気	0.33	0.000 4	12
アルミニウム	6.4	17	0.02

(注) 減衰定数は 1 MHz での値。

3.3.1 音速

$$\text{音速} = \left(\frac{\text{体積弾性率}}{\text{密度}} \right)^{\frac{1}{2}}$$

$$\text{体積弾性率 } B = -\frac{\Delta P}{\Delta V/V} \quad \text{(体積変化に対する圧力変化の比)}$$

弾性率(硬さ)が大きく密度が小さい媒質ほど音速は速い(硬くて軽いものほど音速大)。

疎密波の速さは,媒質の圧縮率と密度に依存。

　　圧縮率……弾性的性質,　　密度……慣性的性質

音速:　気体<液体<固体

肺と骨を除き,水中の音速とほぼ同じ。

組織の音速: 骨>軟組織(筋肉>脂肪)>肺　…硬さに比例。

3.3.2 音響インピーダンス

音響インピーダンス $= \rho c$　　(ρ:密度, c:音速)

(音圧 / 振動速度)に等しい。

媒質の振動のしにくさ……音に対する硬さ…伝搬の抵抗になる媒体の特性値

電気インピーダンス: 電流の流れにくさ

- 音の反射,透過,散乱に関与。
- 音響インピーダンスが異なる境界で反射。

- 超音波を用いるとき，ゼリーを塗布。

肺と骨を除き，水の値とほぼ同じ。

組織の音響インピーダンス： 骨＞軟組織（筋肉＞脂肪）＞肺 …硬さに比例。

反射係数 $S = \dfrac{Z_1 - Z_2}{Z_1 + Z_2}$ （Z_1, Z_2：固有音響インピーダンス）

……わずかな差（数％）を利用して画像化。

肺，気管では，超音波は跳ね返って内部に入らない。

3.3.3 超音波の減衰

粘性による影響＋その他

拡散，散乱，熱として吸収

振幅 $A = A_0 e^{-\alpha x}$ の形で減衰 （α：減衰定数）

超音波の減衰は，一般に周波数に依存。

水など……減衰定数は周波数の2乗に比例して増加。

生体組織……減衰定数は周波数の1乗に比例して増加。

組織の減衰定数： 肺＞頭蓋骨＞軟組織＞血液

3.4 超音波の安全性

超音波治療器安全基準： $10\,\mathrm{mW/cm^2}$ 以下

$100\,\mathrm{mW/cm^2}$ 以下……生体組織は非可逆的変化を受けない。

$10\,\mathrm{W/cm^2}$ 以上……キャビテーション現象が起こる。

キャビテーション： 機械力によって液体中で負の圧力が生じると，液体中に溶け込んでいた気体が気泡となって現れる現象。

4. 生体の力学的特性

物体（固体）に外部から力を加えて変形し，力を取り除いた場合に

元に戻る性質……弾性， 戻らない性質……塑性

エネルギー弾性体：金属など， エントロピー弾性体：ゴム

変形が小さい場合…多くの場合弾性変形， 変形が大きい場合…塑性変形

応力-ひずみ線図： 外力と変形の関係を，応力とひずみで表現。

応力 σ： 力／面積……単位面積当りの力， 単位： $\mathrm{N/m^2}$……圧力と同じ。

ひずみ $\varepsilon = \dfrac{\Delta L\,(伸び)}{L_0\,(初期長さ)}$

フックの法則： 弾性を示す範囲では，応力とひずみは比例。

言い換えると，フックの法則が成り立つ性質が弾性。

$\sigma = E\varepsilon$　　E：比例定数……ヤング率（弾性率）
弾性限界：　応力とひずみが比例関係を示す最大限度
降伏点：　これ以降は応力が増加せず，ひずみだけが増加。
極限強さ：　最大の応力
破断点：　破壊が生じるところ

ポアソン比 $\nu = \dfrac{\text{直角方向（横方向）ひずみ}}{\text{応力方向（縦方向）ひずみ}} = \dfrac{\Delta D}{D} \Big/ \dfrac{\Delta L}{L}$

　　　　L：長さ，D：直径

非圧縮性材料（変形後も体積は変化なし）ではポアソン比は
　　0.5……ゴム，生体軟組織
　　0.25 ～ 0.35 程度……金属

粘性
　液体の場合：　外部からの力により流動的に変形。……流れる。
　　　その押し流す力に抵抗する性質……粘性
　　　液体の流れにくさ，粘っこさの程度を示す尺度……粘度（粘性係数）
　　　　　　　　　　　　　　　　…運動に伴う分子間の摩擦力

　　　粘度 $= \dfrac{\text{ずり応力}}{\text{ずり速度}}$

平板 P を平行に移動。……液体も移動。
　界面の単位体積当りの力が応力。
　　　　界面に直角方向の応力……法線応力……圧力
　　　　界面に平行方向の応力……接線応力……ずり応力

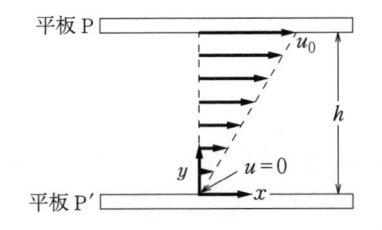

付図 4.1　平板間流体の速度分布[2)]

ニュートン流体：　粘度がずり速度と時間に依存しない流体
　　　　　　　　　　　……水やベンゼンなどの低分子の液体…血漿
非ニュートン流体：　粘度がずり速度，時間によって変化する液体
　　　　　　　　　　　……ケチャップやマヨネーズなど…血液

モデル： 弾性要素（バネ）と粘性要素（ダッシュポット）

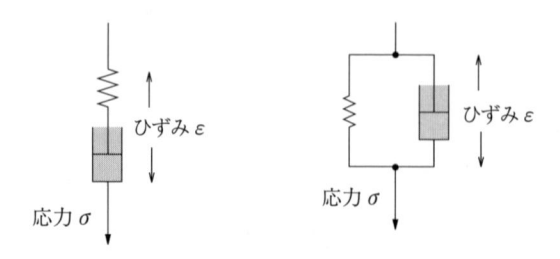

（a） 直列（マックスウェルモデル）　（b） 並列（フォークトモデル）

付図 4.2　粘弾性のモデル

組合せ： マックスウェルモデル……細胞内・外液，血液
　　　　 フォークトモデル…………軟組織，骨
　　　　 ３要素モデル………………より生体組織に近いモデル

クリープ： 一定の外力を与えるとひずみ（変形量）は時間経過とともにしだいに増加。

応力緩和： 一定のひずみ（変形量）を与えると応力は時間経過とともに減少。

4.1　生体組織の力学的特性

特徴： ① 非線形性
　　　 ② 異方性
　　　 ③ 粘弾性

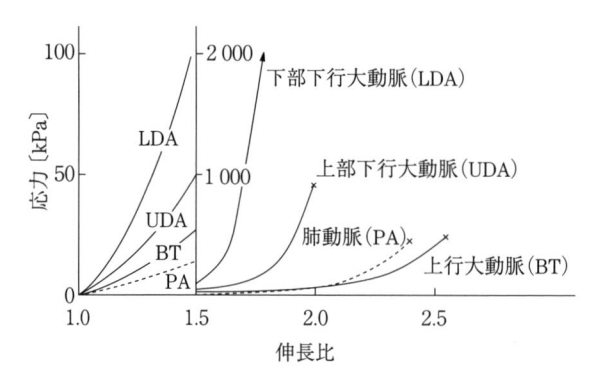

付図 4.3　子牛から摘出した動脈の引張り特性[3]

4.2 筋肉

付表 4.1 筋肉の分類とその特徴

種類	おもな機能	横紋の有無	神経支配
骨格筋	身体の運動と維持	あり	体性神経（運動ニューロン）
心筋	心臓のポンプ作用	あり	自律神経
平滑筋	臓器の運動	なし	自律神経

筋肉の構造
　　　筋線維束 ― 筋線維 ― 筋原線維 ― アクチン／ミオシン
神経伝達により筋細胞が収縮する過程
　（1）　興奮が神経末端に到達 ― 細胞膜の脱分極 ― 電位依存性 Ca^{2+} チャネル開 ― Ca^{2+} 流入 ― アセチルコリン放出
　（2）　筋細胞膜にあるアセチルコリン受容体にアセチルコリンが結合 ― Na^+ チャネル開 ― 筋細胞膜脱分極
　（3）　筋細胞の小胞体の電位依存性 Ca^{2+} 放出チャネル開 ― 細胞内 Ca^{2+} 濃度が上昇
　（4）　筋細胞の筋原線維（太いフィラメント：ミオシン，細いフィラメント：アクチン）― Ca^{2+} が結合 ― 収縮（滑り構造）

4.3 骨

構造
　　緻密な皮質骨（緻密質骨）とスポンジ状の海綿骨（骨梁）
　　中心部は骨髄……造血組織
　　組織：　緻密に配列したコラーゲン線維の基質に骨塩（$Ca_{10}(PO_4)_6(OH)_2$：ヒドロキシアパタイト）が沈着．
骨のリモデリング
　　骨の吸収……破骨細胞，　　骨の形成……骨芽細胞

5. 生体の流体的特性

5.1 血液および血球の特性

血液の粘度：　血漿の粘度＋血球（赤血球）の寄与

血漿はニュートン流体。赤血球によって非ニュートン流体となる。
……せん断速度上昇に伴い，粘度低下。
（ニュートン流体では，せん断速度にかかわらず粘度一定。）
① 低せん断速度領域で赤血球の集合体を形成（連銭形成，rouleaux：ルーロー）。
血漿タンパク質との相互作用…粘度上昇
② 高せん断速度領域で楕円板に変形し，流線に平行に配位。…粘度減少
③ 赤血球の数（ヘマトクリット値：赤血球の体積割合）
…ヘマトクリット値が高いと粘度上昇。
ヘマトクリット値が15％以下では，ニュートン流体。
④ 赤血球の集軸……血管の中心部に集まる。
血管径が小さくなるに従って，ヘマトクリット値は低下。…粘度低下

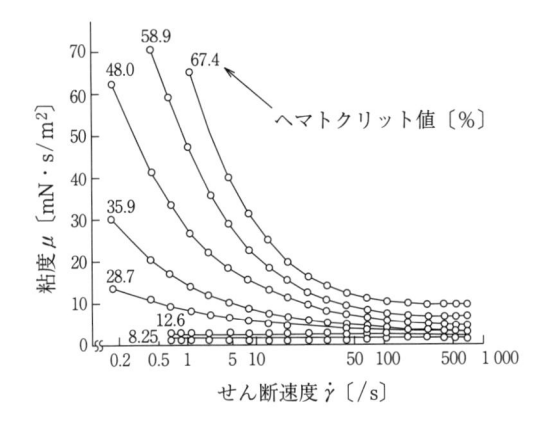

せん断速度が小さくなると，粘度は急激に増加する。

せん断速度が大きいと，粘度はほぼ一定となる。

付図 5.1 血液の粘度とせん断速度の関係[4]

5.2 血管内の流れとレイノルズ数

液体が流れる場合，粘性による圧力低下を生じる。
ハーゲン-ポアズイユの法則： 1864年，理論的に導出。
「直円管内を流体が流れる場合，定常流で層流ならば，その流量 Q は直円管の半径 R の4乗および圧力損失（圧力差）ΔP に比例し，流体の粘度 μ および直円管の長さ L に反比例する。」

$$Q = \frac{\pi R^4}{8\mu} \frac{\Delta P}{L}, \qquad \Delta P = \frac{8}{\pi} \frac{\mu L}{R^4} Q$$

血圧 ΔP は，心拍出量 Q と末梢血管抵抗（$\mu L/R^4$）によって決まる。
……血圧は血管の収縮・拡張により調節。血液の粘度が重要な役割。

付録（生体物性の要点）　123

レイノルズ数 Re： 層流か乱流かを判別する指標
　層流：流線が交わらない流れ
　乱流：流線が交わる流れ

$$Re = \frac{慣性力}{粘性力} = \frac{\rho u D}{\mu}$$

　　（ρ：流体の密度，u：流速，D：管内径，μ：粘度）
Re は無次元数……大きさが違っても，流れの様子は同じ。
レイノルズ数が小……粘性作用が大きな流れ
レイノルズ数が大……粘性作用が小さな流れ（慣性作用が大きい。）
　……流速が小さいほど乱流になりやすく，粘度が大きいほど乱流になりにくい。
　　　$Re < 2\,100$　　　層流
　$2\,100 < Re < 10\,000$　　遷移域
　　　$Re > 10\,000$　　　乱流

5.3　脈管系の生体物性

心臓の拍出量 = 1回の拍出量（ストロークボリューム：約 60 ml）× 心拍数
　拍出量……スターリングの法則
　　　{ 心臓の拡張期の容積が大きいほど，収縮時の拍出量が多い。
　　　　心臓は入った血液を拍出。
　心拍数：　交感神経……増加
　　　　　　副交感神経（迷走神経）……低下

5.4　血管の構造

{ 内膜：　内皮細胞（抗血栓性）＋ 弾性繊維（柔軟性）
　中膜：　弾性線維（柔軟性）＋ 平滑筋（管径可変）
　外膜：　結合組織（強度）

大動脈：　中膜の弾性線維が多く，筋線維は少ない。……膨張により血液を一時貯
　　　　　留。その弾性により末梢へ押し出す。　　　　　　　　…弾性血管
小細動脈：　筋線維が多い。交感神経により血管径を変化させ，血流を調節。
　　　　　　　　　　　　　　　　　　　　　　　　　　　　　　…抵抗血管
毛細血管：　組織と物質を交換。……組織液と血液の低分子組成は同じ。
　　　　　タンパク質量は血液で多く，組織で少ない。…膠質（コロイド）浸透圧
　　　　　　　　　　　　　　　　　　　　　　　　　　　　　　…交換血管
静脈：　血管壁が薄く，弾性に乏しい。逆流防止の弁あり。　　　…容量血管

5.5 血液循環のモデル化（等価電気回路）

末梢抵抗（血管径の減少）……抵抗
血管の弾性（血液貯留）……コンデンサー

5.6 脈波伝搬と動脈硬化

脈波伝搬速度（pulse wave velocity, PWV）： 心臓によりつくられた圧力変動の移動速度（脈が伝わる速度）

　　　血管が硬化 ⟶ 速度上昇 …… 動脈硬化の診断に利用。
　　　　年齢が10代　4〜5 m/s,　　40代　5〜7 m/s,　　70代　7〜10 m/s
　① 血管壁が硬くなるほど，PWVは大きくなる
　② 血管壁が厚くなるほど，PWVは大きくなる
　③ 血液密度が高くなるほど，PWVは小さくなる
　④ 血管径が大きくなるほど，PWVは小さくなる

6. 生体の熱的特性

生体：　熱の産生 — 熱の放散……恒常性
　　　　体温調節： 視床下部に体温検知機構

6.1 熱の産生

成人男性：60〜150 W（基礎代謝が1日約1 200〜1 400 kcal, 運動で増加。）
　　25〜35%……仕事エネルギー（物質合成，筋収縮，能動輸送など）
　　65〜75%……熱エネルギー（体温維持，残りを体外へ放出。）

付表6.1　熱の産生の割合

	筋肉	内臓	その他の部位
安静時	20 %	50 %	30 %
運動時	80 %	12 %	8 %

6.2 熱の伝搬

物理的伝搬様式： 伝導，輻射（放射），対流
生体における熱の伝搬： 血液循環……約99 %, 　　熱伝導……約1 %
　　　　　　　　　　（血液循環がほとんどを占める。）

付録（生体物性の要点）　125

6.3　熱の放散

安静時の割合
　　輻射：2/3　（波長 10 μm の遠赤外線が生体から放出。）
　　蒸散（発汗，不感蒸散）：1/4
　　伝導・対流：1/10
　　　（放射と蒸散がほとんどを占める。運動時には蒸散が増える。）

6.4　体温調節

温度計測：　皮膚の温度受容器，視床下部にある深部体温受容器
体温低下の場合：　皮膚血管の収縮，骨格筋の強制運動（ふるえ）
体温上昇の場合：　皮膚血管の拡張，血液流量の増加，発汗

6.5　熱の生体物質への影響

細胞：　43℃以上で機能と生存率が低下。
タンパク質：　熱変性……タンパク質の種類によって変性温度が異なる。

6.6　熱の医療応用（癌の温熱療法：ハイパーサーミア）

腫瘍細胞は，正常組織に比べ，同一処理時間（100分）の熱処理に対して約 42.5℃を境に生存率が急激に低下する。……43℃に加温。
理由　① 癌細胞は一般に温度感受性が高い。
　　　② 癌組織の血管網は不十分であり，冷却能力が低い。

付表 6.2　ハイパーサーミアにおける加熱方法とその特徴

加熱方法	周波数	特　徴
ラジオ波（電磁波加熱）	8～40 MHz	ジュール熱による加温。脂肪組織が加温されやすい。集束性は悪い。
マイクロ波（電磁波加熱）	500～2 450 MHz	誘電熱による加温。筋肉組織が加温されやすい。集束性は高いが，透過深度が浅い。
超音波	0.5～5 MHz	表在性腫瘍，乳房，腹部臓器に適応。胃や肺等の空気が満たされている部位に適応不可。集束性は高い。

7. 生体の光特性

光：紫外線，可視光，赤外線（波長が 10 nm ～ 1 mm の範囲にある電磁波）
この波長域の電磁波は，物質のエネルギー状態に対応し，吸収されやすい。
　　紫外線：電子の軌道間のエネルギー
　　可視光：電子の軌道間のエネルギー
　　赤外線：振動運動や回転運動の状態間のエネルギー

7.1 色覚

網膜の視細胞……赤・緑・青に敏感な3種の細胞…色として知覚。
光の3原色：　赤，緑，青
絵の具の3原色：　赤紫（マゼンタ）……緑の余色
　　　　　　　　黄（イエロー）………青の余色
　　　　　　　　青緑（シアン）………赤の余色

7.2 生体物質による光吸収

可視光領域（波長：400 ～ 700 nm）：ヘモグロビン，ミオグロビン，メラニン，ビリルビン，β-カロチン等の生体色素により吸収。

紫外線領域（波長：10 ～ 400 nm）：DNA やタンパク質により吸収。メラニンは強く吸収し，生体組織を保護する。

付表7.1　紫外線の生体作用に基づいた分類とその生体作用

名称	波長域〔nm〕	生体作用
UV_C	180 ～ 280	細胞への致死的作用。 タンパク質，DNA の分解。
UV_B	280 ～ 320	タンパク質，DNA が少し吸収。 日焼け（サンバーン：やけど・色素沈着）の主因。 皮膚癌の発生率が高い。
UV_A	320 ～ 400	生体分子の吸収による影響は少ない。 日焼け（サンタン：色素沈着）は生じる。

赤外線領域（波長：700 nm ～ 1 mm）：いろいろな生体物質により吸収。
　　水：1 400 nm（1.4 μm）程度以上で，強く吸収。
　　　　1 400 nm までは，吸収が少ない。
近赤外線：ヘモグロビンによる吸収も少なく，体を透過しやすい。

7.3 光の反射・透過・散乱・減衰

波長によって異なる。
特定の吸収が生じない場合は，波長が長いほど透過深度が深い。

  UV_C………表皮まで
  UV_A, UV_B……真皮まで
  可視光…………皮下組織まで
  近赤外線………深部まで
  中・遠赤外線…水による吸収のため透過しにくい。

7.4 光の医療応用

パルスオキシメータ： 動脈血酸素飽和度および脈波数を測定。
      ……酸素結合状態で変わるヘモグロビンの吸収特性を利用。
  オキシヘモグロビン（酸素結合型）では 415, 540, 575 nm に吸収極大。
  デオキシヘモグロビン（酸素非結合型）では 430, 555 nm に吸収極大。
サーモグラフィ： 体表温度を測定。
      ……体表から発生する赤外線量を検出し，体表面温度を測定。
レーザ： 指向性，集光性，干渉性に優れた光……レーザメス

8. 生体の放射線特性

放射線： 物質から放射された電磁波や粒子…一般的には電離放射線を意味する。
電離放射線： 物質に照射した場合，電離作用（イオン化）を引き起こす高エネル
   ギー放射線……波長の短い紫外線，X線，γ線，高速荷電粒子線，
   高速中性子線など
放射性崩壊（原子核の崩壊，他の原子への変化）で発生する放射線
      ……α線（ヘリウムイオン），β線（電子），γ線

8.1 放射線に関する単位

付表 8.1 放射線で用いられる単位

対象量	単位の名称	表記記号	旧単位
放射能	ベクレル	[Bq]	キュリー [Ci]
照射線量		[C/kg]	レントゲン [R]
吸収線量	グレイ	[Gy]	ラド [rad]
線量当量	シーベルト	[Sv]	レム [rem]

128　付録（生体物性の要点）

放射能：　放射線を出す能力
　　単位：ベクレル〔Bq〕……単位時間当りの原子核崩壊数〔崩壊数／秒〕
照射線量：　γ 線および X 線をどれほど与えたかの尺度
　　単位：〔C/kg〕……名称なし
　　　γ 線や X 線を空気 1 kg に照射した場合，電離により発生するイオンの電荷が 1 C となる線量の単位
吸収線量：　放射線エネルギーが物質にどれだけ吸収されるかを表す尺度
　　単位：グレイ〔Gy〕……物質 1 kg 当りに吸収される 1 J のエネルギー量
線量当量：　放射線の生物的効果の尺度，　　単位：シーベルト〔Sv〕
　　線量当量 ＝ 吸収線量（グレイの値）× 放射線荷重係数
　　　放射線荷重係数：　放射線の種類やエネルギーの違いにより生物に及ぼす効
　　　　　　　　　　　　果の違いを比で表した生物学的効果比に基づいた係数

付表 8.2　放射線荷重係数

放射線の種類	荷重係数
X 線，γ 線	1
β 線	1
陽子線	5（エネルギー 2 MeV 以上）
中性子線	5〜20（熱中性子：5）
α 線	20

8.2　放射線と物質の相互作用

一次作用：　電離反応，励起反応，分解反応など
二次作用：　水素引き抜き反応，再結合反応など

8.3　放射線の生体作用

直接作用：　DNA やタンパク質などの分解，修飾
間接作用：　水の放射線分解によって生じたラジカルによる反応
ベルゴニー－トリボンドーの法則
　① 細胞は分裂頻度が高いほど放射線感受性が高い。
　② 将来，分裂回数が大きなものほど放射線感受性が高い。
　③ 形態および機能において未分化のものほど放射線感受性が高い。

付表 8.3　組織，臓器の放射線感受性

放射線感受性	組織，臓器
高い ↑ ｜ ↓ 低い	造血組織（骨髄），リンパ組織 生殖組織（精巣，卵巣） 小腸上皮 水晶体上皮 皮膚，肺，腎臓 肝臓 筋肉 骨皮質 神経組織（脳，脊髄），脂肪組織

8.4　放射線の医療応用

放射線診断：　生体組織や投与した造影剤のX線透過量の相違を基に画像化し，診断を行う方法。

核医学検査：　放射性同位元素を用いて診断，治療し，病態を解明する方法。

放射線治療：　一般に腫瘍細胞の放射線感受性が高いことを利用し，悪性腫瘍部位に放射線を照射する方法。

8.5　放射線の安全性

付表 8.4　全身被ばく線量による障害[5]

被ばく線量〔Gy〕	障害	発症時期	症状
数百以上 数十 ～ 数百 5 ～ 20 2 ～ 5 1 ～ 2	分子死 脳死 腸管死 骨髄死 後期障害	瞬時 ～ 数時間 数時間 ～ 数日 数日 ～ 2, 3 週間 数週間 ～ 2 か月 数年 ～ 数十年	生命活動の停止 中枢神経の破壊 腹痛，下痢，嘔吐など 血球減少，出血，感染 組織の機能低下 　（免疫力低下，発癌， 　　遺伝的影響）

被ばく線量と個体死の関係……シグモイド（S字状）の曲線
　　集団の50％が死亡する線量：　半致死線量（50 % lethal dose：LD_{50}）
　　　$LD_{50/30}$：　30 日後に50％の個体が死亡する線量
白血病治療に伴う骨髄移植：　4 Gy の全身照射……$LD_{50/60}$ に対応する線量
　　腫瘍化した骨髄の細胞を完全に死滅化，健康人の骨髄を移植

引用・参考文献

全般的
1) 日本生体医工学会 ME 技術教育委員会監修：ME の基礎知識と安全管理 改訂第5版，南江堂(2009)
2) 池田研二，嶋津秀昭：生体物性／医用機械工学，秀潤社(2004)
3) 中島章夫，氏平政伸編：生体物性・医用材料工学，医歯薬出版(2010)
4) 嶋津秀昭，若松秀俊，北村清吉，石川敏三，石川陽事，野島一雄：医用工学概論，医歯薬出版(2008)
5) 桜井靖久：ME の知識と機器の安全，南江堂(1983)
6) 木村雄治：医用工学入門，コロナ社(2001)
7) 桜井靖久編：医用工学 ME の基礎と応用，共立出版(1981)

1章
1) 金井 寛：生体物性(2)―電気特性，医用電子と生体工学，Vol.13, No.5, pp.49-57 (1975)

2章
1) ベッカー，クレインスミス，ハーディン：細胞の世界，西村書店(2005)
2) 貴邑冨久子，根来英雄：シンプル生理学 改訂第5版，南江堂(2005)
3) アルベルトほか著，中村桂子，松原謙一監訳：細胞の分子生物学 第4版，教育社(2004)

3章
1) 日本生体医工学会 ME 技術教育委員会監修：ME の基礎知識と安全管理 改訂第5版，南江堂(2009)
2) 真島英信：生理学，文光堂(2007)
3) 貴邑冨久子，根来英雄：シンプル生理学 改訂第5版，南江堂(2005)
4) 桜井靖久：ME の知識と機器の安全，南江堂(1983)
5) 池田謙一ほか：医用電子工学，コロナ社(1980)
6) 内薗耕二：生体の電気現象〔Ⅰ〕基礎編，コロナ社(1967)
7) 綿貫 喆，池田研二，内山明彦：生体用テレメータ・電気刺激装置，コロナ社(1980)
8) 斎藤正男編：医用電子機器の安全性，コロナ社(1979)
9) 上野照剛，重光 司，岩坂正和編：生体と電磁界，学会出版センター(2003)

4章
1) 日本生体医工学会 ME 技術教育委員会監修：ME の基礎知識と安全管理 改訂第5版，南江堂(2009)
2) 佐藤清雄：振動と波動，培風館(1993)
3) 石原 謙編：生体計測装置学，医歯薬出版(2010)
4) 篠原一彦編：医用治療機器学，医歯薬出版(2008)

5章
1) 池田研二，嶋津秀昭：生体物性／医用機械工学，秀潤社(2004)
2) 日本生体医工学会ME技術教育委員会監修：MEの基礎知識と安全管理 改訂第5版，南江堂(2009)
3) 吉田文彦，酒井清孝：化学工学と人工臓器 第2版，共立出版(1997)
4) 林紘三郎：バイオメカニクス，コロナ社(2000)
5) 貴邑冨久子，根来英雄：シンプル生理学 改訂第5版，南江堂(2005)
6) 須田立雄，小澤英浩，髙橋榮明，田中 栄，中村浩彰，森 諭史編著：新 骨の科学，医歯薬出版(2007)

6章
1) Brooks D. E. et al.：Interaction among erythrocytes under shear, J.Appl.Physiol., 28, pp.172-177(1970)
2) 林紘三郎：バイオメカニクス，コロナ社(2000)
3) 日本機械学会編：バイオメカニクス概説，オーム社(1993)
4) 貴邑冨久子，根来英雄：シンプル生理学 改訂第5版，南江堂(2005)

7章
1) 貴邑冨久子，根来英雄：シンプル生理学 改訂第5版，南江堂(2005)
2) 日本生体医工学会ME技術教育委員会監修：MEの基礎知識と安全管理 改訂第5版，南江堂(2009)
3) Henriques F. C. et al.：Analysis of thermal injury, V. The predictability and the significance of thermally induced rate processes leading to irreversible epidermal injury., Archives of Pathology, 43, pp.489-502(1947)

8章
1) Stryer L.：Biochemistry, W. H. Freeman and Company(1975)
2) 今堀和友，野田晴彦，坪井正道編：生物物理化学研究法 II，朝倉書店(1974)
3) 日本生化学会編：生化学実験講座 タンパク質の化学 III，東京化学同人(1978)
4) 日本生体医工学会ME技術教育委員会監修：MEの基礎知識と安全管理 改訂第5版，南江堂(2009)
5) 佐藤悦久：紫外線がわたしたちをねらっている，丸善(1999)
6) 篠原一彦編：医用治療機器学，医歯薬出版(2008)

9章
1) 菅原 努監修，青山 喬，丹羽太貫編：放射線基礎医学，金芳堂(2008)
2) 江島洋介，木村 博編：放射線生物学，オーム社(2002)
3) 石原 謙編：生体計測装置学，医歯薬出版(2010)
4) 篠原一彦編：医用治療機器学，医歯薬出版(2008)

付録
1) 日本生体医工学会ME技術教育委員会監修：MEの基礎知識と安全管理 改訂第5版，南江堂(2009)
2) 吉田文彦，酒井清孝：化学工学と人工臓器 第2版，共立出版(1997)
3) 林紘三郎：バイオメカニクス，コロナ社(2000)
4) Brooks D. E. et al.：Interaction among erythrocytes under shear, J.Appl.Physiol., 28, pp.172-177(1970)
5) 江島洋介，木村 博編：放射線生物学，オーム社(2002)

索　引

【あ】

アクチン	64
アセチルコリン	64
圧　縮	52
圧力損失	71
アドミッタンス	27
アミノ酸	11, 12
アンテナ	41

【い】

イオンチャネル	30
イオン流	40
一次構造	15
異方性	4
異方性反磁性体	39
インターロイキン-1	82

【う】

渦電流	40
運搬体タンパク質	21

【え】

エネルギー弾性	56
絵の具の3原色	90
エントロピー弾性	56, 57

【お】

応　力	53, 55
応力緩和	60
応力-ひずみ線図	55, 61
オゾン層	94
音	43
音響インピーダンス	44, 47
音速	44, 45
温度	78

温度依存性	5
温度感受性	84
温熱療法	41, 49, 84
癌の——	42

【か】

階層性	3
回転エネルギー準位	95
海綿骨	65
化学シナプス	34
架橋形成	12
核医学検査	106
核　酸	22
可視光	86, 88, 90
活動電位	30, 31
カルシウム	66
癌細胞	106
慣性力	73

【き】

器　官	3
器官系	3
基質小胞	66
基礎代謝量	80
基底状態	89
基電流	38
機能的電気刺激	38
キャビテーション	51
吸収スペクトル	91, 93
吸収線量	101
キュリー	100
極限強さ	55
極　性	8
筋原線維	63
近赤外線	95
筋線維	63

筋組織	4, 63
筋電計	1

【く】

クエットの流れ	59
クリープ	60
グリセロリン脂質	19
グレイ	101
クロナキシー	39

【け】

けい光	89
経時変化性	6
血　圧	72
血圧測定	2
血　液	68
血　管	62, 72
血　球	69
血　漿	10, 69
ケルビン温度	78
減　衰	96
減衰定数	44, 49

【こ】

交感神経	76, 84
光　子	88
膠質浸透圧	77
高周波電流	38
硬組織	3
降伏点	55
興奮性細胞	35
ゴールドマンの式	32
骨格筋	63
骨芽細胞	66
骨　髄	66
骨髄移植	108

索　　　　　引

ゴ　ム	56, 62	ジュール熱	37	絶対零度	78
コラーゲン	17, 62, 65	樹状突起	33	せん断	52
コンデンサー	25, 26, 37	受動的電気特性	24	せん断応力	53, 58
コンピュータ断層撮影法	106	循環血液	80	せん断速度	59, 70
コンプトン効果	103	衝撃波	50	線量当量	101
		小細動脈	76		
【さ】		常磁性物質	39	【そ】	
		照射線量	100	造影剤	106
サーモグラフィ	2, 98	蒸発性熱放散	81	双極子相互作用	8
最小感知電流	36	上皮組織	4	造血組織	66
最大荷重	55	情報伝達物質	66	層流	71, 72, 74
最大強度	55	静脈	76	組織	3
細胞	3, 7	心音計	1	疎水性	12, 20
細胞外液	10, 30	心筋	63	疎水性物質	10
細胞内液	10, 30	真空紫外線	92	塑性	55
細胞膜	17, 25	神経細胞	32		
殺菌灯	93	神経組織	4	【た】	
三次構造	15	神経伝達物質	34	体温調節	82
サンタン	94	心磁図	35	体温調節中枢	79
サンバーン	94	心室細動	36	体脂肪計	1
3要素モデル	60	親水性	12, 20	代謝	80
散乱	96	親水性物質	10	体積弾性率	47, 55
		心電計	1	大動脈	76
【し】		振動エネルギー準位	89, 95	太陽光	89
		心拍出量	72	対流	80
シーベルト	100			多結晶構造体	95
紫外線	12, 86, 88, 92	【す】		ダッシュポット	60
紫外線吸収	93	髄鞘	33	縦波	44
視覚細胞	86	水素結合	8, 12, 15	単結晶	95
閾値	5, 36, 37, 38	垂直応力	53	単純脂質	17, 18
磁気モーメント	40	スターリングの法則	75	弾性	55, 56
軸索	32	ずり応力	58	弾性限界	55
シグマ効果	70	ずり速度	59	弾性線維	62
仕事	80			弾性定数	55
視細胞	90	【せ】		弾性波	43
支持組織	4	静磁界	39, 40	弾性要素	60
脂質	17	静止電位	30, 31	タンパク質	11, 40, 83, 93
脂質二重膜	20, 22	生体色素	90		
ジスルフィド結合	17	静電界	39	【ち】	
シナプス	34	静電容量	25	チャネル	31
脂肪酸	18	生物学的効果比	101	チャネルタンパク質	21
集軸効果	70	赤外線	86, 88, 95	超音波	43
周波数依存性	5	セルシウス温度	79	超音波診断	2
周波数分散性	26				

超音波洗浄機	51	
超音波メス	50	
超高周波電磁界	42	
超低周波電磁界	40	
超伝導量子干渉素子	35	

【て】

低周波・中周波・高周波電磁界	41
定常流	71
電解質	10
電気シナプス	34
電気メス	36, 37
電撃	35
電磁界	39
電磁波	86
伝導	80
電離反応	102
電離放射線	99

【と】

透過	95
等価回路	27
透磁率	24
導電電流	25, 26
導電率	24, 26
動脈硬化	77
トリアシルグリセロール	17

【な】

内因性発熱物質	82
ナトリウムチャネル	33, 36
ナトリウムポンプ	32

【に】

二次構造	15
ニュートンの粘性法則	59
ニュートン流体	59, 68

【ぬ】

ヌクレオチド	22

【ね】

ネガティブフィードバック機構	81
ねじり	53
熱	78
——の産生	80
——の伝搬	80
——の放散	81
熱効果	38
熱作用	41
熱傷	83
熱中性子	102
ネルンストの式	31
粘性	58, 68
粘性係数	59, 72
粘性要素	60
粘性力	73
粘弾性的性質	58, 60
粘度	59, 71

【の】

脳磁図	35
能動的特性	30
脳波計	1

【は】

ハーゲン-ポアズイユの法則	71
ハイパーサーミア	84
白内障	50
破骨細胞	66
破断点	56
発熱	82
バネ	60
パルスオキシメータ	91, 97
パルスオキシメトリ	2
パルス電流	38
半致死線量	107

【ひ】

非圧縮性材料	54
光	86
——の吸収原理	86
——の3原色	90
——の反射	95
光吸収	90
皮質骨	65
非蒸発性熱放散	81
ひずみ	53, 55
非線形性	5
引張り	52
ヒドロキシアパタイト	65, 66
非ニュートン流体	59, 68
日焼け	94
表皮効果	42
表面波	44

【ふ】

フォークトモデル	60
不感蒸散	81
副交感神経	76
複合脂質	17, 18
輻射	80
フルエンス	101
分解	17
分極	8
分散現象	29
分散性	26

【へ】

平滑筋	62, 63
ベクレル	100
ペプチド結合	12
ヘム構造体	91
ヘモグロビン	17, 24, 39, 90, 97
ベルゴニー・トリボンドーの法則	104
変位電流	25, 26, 37
変性	17
変性温度	83

索　引

【ほ】

ポアソン比	54
放射性同位元素	99, 106
放射線	99
放射線荷重係数	101, 102
放射線感受性	104, 107
放射線診断	105
放射線治療	106
放射能の量	100
ポジトロンCT	2
ホットスポット	41
骨	65
ポンプ	22

【ま】

膜タンパク質	20
膜電位変化	31
膜透過係数	32
マクロショック	36
曲げ	53
マックスウェルモデル	60
末梢血管抵抗	72

【み】

ミオグロビン	90
ミオシン	64
ミクロショック	36, 37
水	7

【英字】

Ca^{2+}イオン	10
Computed Tomography	106
CT	106
DNA	93
──の損傷	104
MRI	1, 40
Na^+/K^+ポンプ	22, 23
PWV	77

──の放射線分解	104
脈波伝搬速度	77

【む】

無髄神経	33

【め】

メラニン色素	94
免疫系細胞	82, 83

【も】

毛細血管	76
モーメント	53

【や】

ヤング率	55

【ゆ】

有髄神経	33
誘電率	24, 26
誘導脂質	17
誘導電流	40
輸送体タンパク質	14, 21

【よ】

溶媒和	9
横波	44
四次構造	17
余色	90

pulse wave velocity	77
RBE	101
SAR	41
SH結合	12
UV_A	93, 94
UV_B	93, 94
UV_C	93
X線	99, 105

【ら】

ラジカル	102, 104
ラド	100
ランビエの絞輪	33
乱流	72, 74

【り】

離脱限界電流	36
リモデリング	65
粒子と波の二重性	87
流線	72
流体	58
流量	71
量子力学	87
両親媒性	19
臨界レイノルズ数	74
りん光	89
リン酸	19
リン脂質	19

【れ】

励起状態	89
レイノルズ数	73
レーザ光線	98
レオベース	38
レム	100
連銭形成	70
レントゲン	100

【ギリシャ文字】

α線	99
α分散	26, 28
α-ヘリックス構造	15
β-シート構造	15
β線	99
β分散	26
γ線	99, 100
γ分散	26, 29

―― 監修者・著者略歴 ――

三田村　好矩（みたむら　よしのり）
1966 年　名古屋工業大学工学部計測工学科卒業
1969 年　北海道大学大学院修士課程修了（電子工学専攻）
1971 年　北海道大学大学院博士課程修了（電子工学専攻），工学博士
　　　　北海道大学助手
1978 年　北海道大学助教授
1989 年　北海道東海大学教授
1998 年　北海道大学教授
2007 年　北海道大学名誉教授

村林　俊（むらばやし　しゅん）
1972 年　北海道大学工学部合成化学工学科卒業
1975 年　北海道大学大学院工学研究科修士課程修了（合成化学工学専攻）
1978 年　北海道大学大学院工学研究科博士課程修了（合成化学工学専攻），工学博士
　　　　米国クリーブランドクリニック財団人工臓器研究所リサーチフェロー
1981 年　米国クリーブランドクリニック財団人工臓器研究所プロジェクトスタッフ（生体材料生体適合性部門）
1987 年　北海道大学助教授
1995 年　北海道大学大学院助教授
2007 年　北海道大学大学院准教授
2013 年　北海道大学退職

西村　生哉（にしむら　いくや）
1985 年　北海道大学工学部精密工学科卒業
1987 年　北海道大学大学院修士課程修了（精密工学専攻）
　　　　日本電子株式会社入社
1990 年　北海道大学助手
1999 年　博士（工学）（北海道大学）
2007 年　北海道大学大学院助教
　　　　現在に至る

臨床工学技士のための 生体物性
Fundamental Aspects of Biomedical Engineering for Clinical Engineers

　　　　　　　　　　　　　　　　　　© Shun Murabayashi 2012

2012 年 6 月 11 日　初版第 1 刷発行
2023 年 2 月 10 日　初版第 8 刷発行

検印省略	監　修　者	三　田　村　　好　矩
		西　村　　　生　哉
	著　　　者	村　林　　　　　俊
	発　行　者	株式会社　コロナ社
		代　表　者　牛来真也
	印　刷　所	萩原印刷株式会社
	製　本　所	有限会社　愛千製本所

112-0011　東京都文京区千石 4-46-10
発行所　株式会社　コロナ社
CORONA PUBLISHING CO., LTD.
Tokyo Japan
振替 00140-8-14844・電話(03)3941-3131(代)
ホームページ　https://www.coronasha.co.jp

ISBN 978-4-339-07231-0　C3047　Printed in Japan　　　　（大井）

〈出版者著作権管理機構　委託出版物〉
本書の無断複製は著作権法上での例外を除き禁じられています。複製される場合は，そのつど事前に，出版者著作権管理機構（電話 03-5244-5088，FAX 03-5244-5089，e-mail: info@jcopy.or.jp）の許諾を得てください。

本書のコピー，スキャン，デジタル化等の無断複製・転載は著作権法上での例外を除き禁じられています。購入者以外の第三者による本書の電子データ化及び電子書籍化は，いかなる場合も認めていません。
落丁・乱丁はお取替えいたします。